U0203107

数据资产评估指南

中国电子技术标准化研究院　**编著**

崔　静　张　群　王春涛　杨　琳　**主编**

电子工业出版社·
Publishing House of Electronics Industry
北京·BEIJING

内 容 简 介

本书源于实践，针对数据资产化的现状、问题进行深入分析，提出构建数据资产评估生态、创建数据资产评估生态圈的理念，以实现数据资产评估全流程可信、可监控、可追溯的目标。同时，本书着重介绍了数据资产评估生态的构建，涉及数据资产行业监管类机构、数据资产评估类机构、数据资产服务类机构及数据资产评估联盟，并详细介绍了各机构权责，使数据资产评估变得切实可行。

本书主要面向数据资产评估产业的机构和相关人员，包括经营决策者、技术架构设计人员及各类科研单位研究人员等，同时也可供数据资产评估工作者及相关研究人员使用或参考。

图书在版编目（CIP）数据

数据资产评估指南 / 中国电子技术标准化研究院编著. —北京：电子工业出版社，2022.1
ISBN 978-7-121-42326-0

Ⅰ. ①数… Ⅱ. ①中… Ⅲ. ①数据管理－指南 Ⅳ. ①TP274-62

中国版本图书馆 CIP 数据核字（2021）第 233346 号

责任编辑：徐蔷薇 特约编辑：劳嫦娟
印　　刷：北京天宇星印刷厂
装　　订：北京天宇星印刷厂
出版发行：电子工业出版社
　　　　　北京市海淀区万寿路 173 信箱　　邮编：100036
开　　本：720×1000　1/16　印张：11.25　字数：216 千字
版　　次：2022 年 1 月第 1 版
印　　次：2024 年 4 月第 7 次印刷
定　　价：68.00 元

凡所购买电子工业出版社图书有缺损问题，请向购买书店调换。若书店售缺，请与本社发行部联系，联系及邮购电话：（010）88254888，88258888。

质量投诉请发邮件至 zlts@phei.com.cn，盗版侵权举报请发邮件至 dbqq@phei.com.cn。

本书咨询联系方式：xuqw@phei.com.cn。

编写委员会

主　编：崔　静　张　群　王春涛　杨　琳
副主编：贾　璐　张　璨　闭珊珊　夏　虎　胡利勇　许哲平
　　　　梁铭图　徐利红　肖筱华

编写组：

郭鑫伟　张绍华　戴炳荣　陈学娟　李光亚　庄　园
吴思竹　刘　朝　叶雅珍　陈俊宇　张敬谊　宋俊典
张　勇　高　昂　黄金霞　于铁强　修晓蕾　王东强
谢晶晶　卢学哲　张宏伟　胡正银　杨　宁　戴　兵
冯永昌　吴　芸　赵　榛　李彩虹　梅永坚　李学彦
朱志祥　沈　澍　孙智君　吴　勇　夏　娟　丁海明
杨　泉　刘　莹　李建丽

主编单位：
中国电子技术标准化研究院

副主编单位：
国信优易数据股份有限公司
上海计算机软件技术开发中心
中国科学院文献情报中心
上海新炬网络技术有限公司
上海最会保网络科技有限公司
万达信息股份有限公司

参编单位：
复旦大学计算机科学技术学院
中国医学科学院医学信息研究所

重庆大数据研究院有限公司

京东科技研究院

西安邮电大学

北京中百信信息技术股份有限公司

北京用友政务软件股份有限公司

陕西省信息化工程研究院

中平信息技术有限责任公司

南方电网大数据服务有限公司

中国科学院成都文献情报中心

联想（北京）有限公司

中国邮政储蓄银行股份有限公司信息科技管理部

首都信息发展股份有限公司

北京德信永道信息技术服务有限公司

前　言

编写背景

数据作为基础资源和生产要素进入经济活动，已获得广泛认可，并已被各类组织视为重要资产。数据资产是组织合法拥有或控制的、能进行计量的、为组织带来价值的数据资源。组织要最大化地实现数据资产的价值，可通过交易变现的形式获取直接收益。因此，评价数据资产价值，对数据资产价值进行量化评估是目前业界亟须关注和解决的问题。

本书内容

《数据资产评估指南》未过多使用晦涩难懂的 IT 专业术语，而是站在更高的视角，围绕"数据资产评估"做出一系列积极有效的思考，并深入浅出地进行阐释。本书中提出的观点及措施将使不同行业的读者审视自身所在时代及所处行业，进而全面认识数据资产在社会、政府、企业及个人生活等各方面的应用和创新，因此，本书关于"数据资产评估"的探讨具有重要的现实意义。

全书共五章及一个附录，各章主要内容安排如下：

第 1 章主要介绍数据的分类、数据资产的概念与特征等内容。

第 2 章以数据资产相关标准研究为工作基础，参考大量国内外标准、理论、法律法规，总结国内外数据资产评估的痛点问题，引出本书解决的主要问题。

第 3 章提出一个将评估要素、评估流程、评估方法、评估模型、评估安全、评估保障等技术相结合的数据资产评估框架，辅以具体步骤剖析，更详尽易懂。

第 4 章提出构建数据资产评估生态及数据资产评估生态圈的理念，实现数据资产评估全流程可信、可监控、可追溯。

第 5 章通过展望未来，提出数据资产化对国家大数据战略、数字经济、数字化转型的影响，各领域数据资产化探索，对个人生活与发展的影响，推动社会与经济进步等内容。

附录 A 是基于评估要素的指标体系设计示例。

本书着重介绍了数据资产评估生态的构建，涉及数据资产行业监管类机构、数据资产评估类机构、数据资产服务类机构及数据资产评估联盟，并详细介绍了各机构权责，使数据资产评估变得切实可行。

本书作为国内率先系统阐述数据资产评估概念、理论体系及相关实践的著作，写法不属于学术理论流派，但源于实践，力图针对真实问题。本书主要面向数据资产评估产业的机构和相关从业人员，包括经营决策者、技术架构设计人员及各类科研单位研究人员等，同时也可供数据资产评估工作者及相关研究人员使用参考。

编写工作

本书由中国电子技术标准化研究院统一组织编写，由来自国信优易数据股份有限公司、上海计算机软件技术开发中心、中国科学院文献情报中心、上海新炬网络技术有限公司、首都信息发展股份有限公司、中国医学科学院医学信息研究所、西安邮电大学、联想（北京）有限公司、北京用友政务软件股份有限公司、陕西省信息化工程研究院、万达信息股份有限公司、重庆大数据研究院有限公司、复旦大学计算机科学技术学院、中平信息技术有限责任公司、南方电网大数据服务有限公司、北京德信永道信息技术服务有限公司、上海最会保网络科技有限公司、北京中百信信息技术股份有限公司、中国邮政储蓄银行股份有限公司信息科技管理部、京东科技研究院的成员共同完成。

本书由中国电子技术标准化研究院崔静、张群，国信优易数据股份有限公司王春涛和上海计算机软件技术开发中心杨琳共同完成整体架构的设计及编写。第 1 章由梁铭图、庄园、于铁强、吴芸、陈俊宇共同编写；第 2 章由许哲平、陈学娟、吴思竹、陈俊宇、张勇、高昂、黄金霞、修晓蕾、赵榛、戴兵、朱志祥共同编写；第 3 章由杨琳、闭珊珊、戴炳荣、张绍华、宋俊典、夏娟、胡利勇、李光亚、张敬谊、肖筱华、丁海明、刘朝、王东强、谢晶晶、叶雅珍、张宏伟、梅永坚、李学彦、司戴兵、杨泉共同编写；第 4 章由夏虎、王春涛、李彩虹、张璨、贾璐、郭鑫伟、李建丽共同编写；第 5 章由徐利红、闭珊珊、卢学哲、胡正银、杨宁、沈澍、孙智君、吴勇、冯永昌共同编写。中国电子技术标准化研究院张璨、刘莹对本书进行了修订，并由刘莹负责最后的统校工作。

作者

2021 年 9 月

目　录

数据及其资产化

1.1　数据及其分类

近几年来，在云计算、移动互联网、智慧城市、物联网、5G 等新兴技术的带动下，各领域、企业的数据获取能力与数据积累呈现出爆发式增长。当前，我国正在加速从数据大国向数据强国迈进。国际数据公司 IDC 的一份报告显示，到 2025 年，随着物联网等新技术的持续推进，中国产生的数据将超过美国。我国产生的数据量将从 2018 年的约 7.6ZB 增至 2025 年的48.6ZB，与此同时，美国 2018 年的数据量约为 6.9ZB，到 2025 年这个数字预计将达到 30.6ZB。

当前，在大数据背景下，数据是数字经济的关键要素，其作为基础性资源、生产资料已经得到广泛认同，世界主要国家已经在实施大数据战略。2014年 3 月，大数据首次被写入国务院《政府工作报告》。2015 年 5 月，《国务院关于印发促进大数据发展行动纲要的通知》发布，提出"数据已成为国家基础性战略资源"；2015 年 10 月，党的十八届五中全会上提出"实施国家大数据战略，推进数据资源开放共享"。这表明中国已将大数据视作战略资源并上升为国家战略，期望运用大数据推动经济发展、完善社会治理、提升政府服务和监管能力。2018 年 5 月，习近平总书记在中国国际大数据产业博览会的致辞中指出，我们秉持创新、协调、绿色、开放、共享的发展理念，围绕建设网络强国、数字中国、智慧社会，全面实施国家大数据战略，助力中国经济从高速增长转向高质量发展。2020 年 4 月 28 日，《工业和信息化部关于工业大数据发展的指导意见》发布，强调"坚持以习近平新时代中国特色社会主义思想为指导，深入贯彻党的十九大和十九届二中、三中、四中全会精神，牢固树立新发展理念，按照高质量发展要求，促进工业数据汇聚共享、深化数据融合创新、提升数据治理能力、加强数据安全管理，着力打造资源富集、应用繁荣、产业进步、治理有序的工业大数据生态体系"。2021 年 8 月 17 日，国务院发布《关键信息基础设施安全保护条例》，对数据的完整性、保密性和可用性提出了要求，对运营者的责任义务进行了规定，要求运营者履行个人信息和数据安全保护的责任，建立健全个人信息和数据安全保护制度。对重要数据泄露、较大规模个人信息泄露等情况的补救措施进行了规定。

1.1.1 数据与数据资源

数据是对客观事物进行记录并存储在媒介物上的可鉴别符号，是对客观事物性质、状态及相互关系等进行记载的物理符号或物理符号的组合。数据是信息的载体，但实际上，数据与数据所承载的信息常常混用。此时，也可以说，数据是事实观察的结果。如今，数据的范围已经变得更加广泛，不仅包括传统意义上的数据，也包括符号、字符、日期形式的数据，以及文本、声音、图像、照片和视频等类型的数据，还包括微博、微信、消费记录、出行记录、文件等类型的数据。

当数据积累到一定的规模，除了具有自身原有可反映所记录事物信息的功能，还具有进一步挖掘更高价值的可能时，就成为数据资源。数据资源可以通过数据交易、数据赋能等形式实现其价值。一般情况下，数据与数据资源统称为数据。

1.1.1.1 数据交易

随着大数据技术的成熟和发展，大数据在商业上的应用越来越广泛，有关数据的交互、整合、交换、交易的例子也日益增多。

例如，电商行业在运营中积累下来的消费购买数据、浏览数据及因此产生的消费者的个人信息（姓名、银行卡、手机号）等，就属于其经营过程中积累下来的数据。电商企业通过数据加工处理后，以数据分析报告等数据产品形式向企业外部的其他组织和企业进行销售并取得经济收入。大数据交易所也应运而生。2015 年 4 月 14 日，全国首家大数据交易所——贵阳大数据交易所（Global Big Data Exchange，GBDEx）正式挂牌运营，并完成首批大数据交易。

企业和组织可以合法地通过合作、交易、租赁等手段，在合法合规及保障个人隐私数据安全的情况下向组织外部提供各种数据产品，并且从中取得直接经济收益，这也是数据产生价值的直接方式。

1.1.1.2　数据赋能

除以数据租售为主实现可以用货币计量的直接经济收益外，数据的价值还可以通过服务于社会和组织创造社会效益和经济效益。

例如，在政务领域，政府以推行电子政务、建设新型智慧城市等为抓手，以数据集中和共享为途径，建设全国一体化的国家大数据中心，推进技术融合、业务融合、数据融合，实现跨层级、跨地域、跨系统、跨部门、跨业务的协同管理和服务。通过数据资源促进政府治理与决策的科学化、精细化，优化公共服务流程、简化公共服务步骤、提升公共服务质量，为政府制定各种决策提供技术基础和支撑。此外，政府亦通过数据资产提升公共服务能力与水平，服务民生，促进社会发展。通过对数据的深度挖掘和关联信息分析展现，实现智慧服务在城市规划、交通管理、环境保护等多领域广泛应用。

又如，各运营商都拥有丰富的客户数据，基于客户终端信息、位置信息、通话行为、手机上网行为轨迹等丰富的数据，为每个客户打上消费行为、上网行为和兴趣爱好等统计学特征标签，并借助数据挖掘技术进行客户分群，完善客户的 360° 画像，帮助运营商深入了解客户行为偏好和需求特征，以提供更好的产品和服务。企业通过对生产经营中产生的数据进行收集、整理、分析，并与外部数据打通，以服务企业自身经营决策、业务流程，作用于企业产品和经营活动，从而提高产品收益，使其在创造收益、降低成本上有更好的表现。

在这些场景下，数据是通过赋能的方式间接地体现其自身价值的。

目前，业界普遍的共识是，在数字经济时代，数据属于私有资产，相当于农业革命的土地、工业革命的资本，是重要的资产。关于数据权属应考虑数据主体、数据控制者、数据处理者等不同角色的权责。

国外数据领域的立法要比国内早。2018 年 5 月 25 日，欧盟已经颁布和生效《通用数据保护条例》（以下简称《条例》）。其中对个人数据、数据控制者、数据处理者和数据接收者有了明确的权责阐述。

个人数据是指任何已识别或可识别的自然人（数据主体）的相关信息；一个可识别的自然人是一个能够被直接或间接识别的个体，特别是通过诸如姓名、身份编号、地址数据、网上标识或者自然人所特有的一项或多项身体性、生理性、遗传性、精神性、经济性、文化性或社会性身份而识别个体。《条例》中明确了个人数据的所有权属于个人。

数据控制者是指那些可以决定个人数据处理目的与方式的自然人或法

人、公共机构、规制机构或其他实体，无论这种决定是单独决定还是共同决定。

数据处理者是指为数据控制者而处理个人数据的自然人或法人、公共机构、规制机构或其他实体。

数据接收者是指接收数据的自然人、法人、公共机构、规制机构或其他实体，无论其是否为第三方。然而，当公共机构基于欧盟或成员国法律的某项特定调查框架而接收个人数据时，则不应被视为接收者；但公共机构对此类数据的处理，应当根据处理目的遵循可适用的数据保护规则。

《条例》中对数据主体的权利给出了明确的描述。

（1）知情权：《条例》规定数据控制者必须以清楚、简单、明了的方式向个人说明其个人数据是如何被收集处理的。可以预见的是，当前企业普遍应用的隐私政策必须进行大幅改革，才能满足合规要求。

（2）访问权：数据控制者应当为实现用户访问权提供相应的流程，如果该请求是以电子形式提出的，也应当以电子形式将数据提供给个人。控制者不能因提供该服务而收费，除非数据主体的请求明显超过控制者负担。

（3）反对权：数据主体享有绝对的拒绝权，即始终有权随时拒绝数据控制者基于其合法利益处理个人数据，始终有权拒绝基于个人数据的市场营销行为。《条例》中还引入了限制处理的权利，如当数据主体提出投诉时（例如，针对数据的准确性），数据主体并不要求删除该数据，但可以限制数据控制者不再对该数据继续处理。

（4）个人数据可携权：是指用户可以无障碍地将其个人数据从一个信息服务提供者转移至另一个信息服务提供者。例如，脸书的用户可以将其账号中的照片及其他资料转移至其他社交网络服务提供商。

（5）被遗忘权：当用户依法撤回同意或者数据控制者不再有合法理由继续处理数据时，用户有权要求删除数据。

《条例》中对数据控制者和处理者的约束规范十分严格。

（1）数据保护官。对于设立地在欧盟的机构来说，以下是必须设立数据保护官的法定情形：政府部门和公共机构作为数据控制者的，以及机构核心业务涉及以下大规模活动：日常的及系统性的监控数据主体；处理特殊类型的个人数据，或者数据处理活动与刑事定罪相关。数据保护官的联系方式必须予以公布，且向监管机构报备。

（2）文档化管理。数据控制者必须全面记载其数据处理活动，做到一举一动都有据可查。记载的内容包括数据处理的目的、数据的类型、数据接收者的类别及转移至第三国的数据接收者、数据保存的时间、采取的安全保障措施等，并保留与数据处理者的合同附件。文档化管理不仅是企业内部的管理措施，而且是数据保护监管机构履行职责的重要抓手。

（3）数据保护影响评估。对于高风险的数据处理活动，要事先进行数据保护影响评估。《条例》并没有对高风险进行界定，但以下情形应当事前评估：对个人特征的系统性评价，该评价会对数据主体产生法律上的影响；对大量敏感数据的处理；对公共领域大规模的系统性监控。

（4）事先协商。如果数据保护影响评估的结果显示是高风险，且数据控制者没有有效降低风险的措施，数据控制者应当就数据处理活动向相关的数据保护监管机构进行事先协商。数据保护监管机构应当在收到协商申请的特定期限内提出处理意见，并可以采取纠正措施。除此之外，成员国在制定涉及数据保护的法律时，也应当事前征求数据保护监管机构的意见。

（5）数据泄露报告。《条例》将数据泄露定义为导致偶然的或者非法的数据破坏、损失、改变及非授权的披露等。一旦发生数据泄露事故，数据控制者需要及时通知数据保护监管机构，如果可行，应不超过 72 小时，除非该泄露不可能会造成对个人权利和自由的破坏风险，若未在 72 小时内报告数据保护监管机构，则后续报告应当说明延迟报告的理由。对于数据处理者而言，其应当在意识到泄露事故及风险后及时报告数据控制者。

此外，《条例》还细致规定了数据控制者和数据处理者之间的合同应当至少包含哪些内容，如数据处理的目的、期限、个人数据的类型、数据主体的类别及双方的权利业务。

数据处理者仅能按照数据控制者的书面要求处理数据，必须确保其员工能够遵守有关保密的要求；在数据安全、数据泄露、数据保护影响评估等方面对数据控制者提供协助。

如果没有数据控制者的同意，数据处理者不得二次分包业务；数据控制者可以对分包采取概括性授权，但如果具体的分包商发生了变化，数据处理者有义务及时告知数据控制者，后者有权提出反对。数据处理者对其分包商的数据处理活动完全负责，其有义务将数据保护的要求施加给二级分包商。

在数据处理服务终止时，数据处理者应当删除或者将数据全部返还给数据控制者，除非根据法律的要求必须保留这些数据。

1.1.2　**数据的分类**

数据的分类是指根据数据的属性或特征，将其按照一定的原则和方法进行区分和归类，并建立起一定的分类体系和排列顺序，以便更好地管理使用数据的过程。

数据分类可以使组织针对不同类型的数据，有针对性地开展管理活动。例如，从安全角度，安全系统如加密、数据丢失预防、文件管理、案例信息和事件管理、邮件防御系统等，只有对数据进行有效分类，才可以识别知识产权等相关风险，如数据正在向外输送、发往未经授权的接收人或存在异常活动。数据分类后，便可以对数据进行标签化管理，使许多管理活动可以实现自动化，如加密、访问控制和识别异常行为等。再如，从标准角度，每类数据所关注的属性不同，在分类后可针对不同类型的数据设置不同的属性。在标准制定过程中，可制定不同的模板，便于信息收集和属性定义；在标准落地过程中，依据数据类型采取不同的实施策略。数据分类的目的在于建立一个企业级的数据管理制度和框架，数据分类决定数据保护的安全控制水平和数据管理水平。

1.1.2.1　数据分类原则

参考《信息安全技术　大数据安全管理指南》（GB/T 37973—2019），数据分类应满足以下原则。

（1）科学性。按照数据的多维特征及其相互间逻辑关联进行科学和系统的分类。

（2）稳定性。应以数据最稳定的特征和属性为依据制定分类和分级方案。

（3）实用性。数据分类要确保每个类下有数据，不设没有意义的类目，数据类目划分要符合对数据分类的普遍认识。

（4）扩展性。数据分类方案在总体上应具有概括性和包容性，能够针对组织的各种类型数据开展分类，并满足将来可能出现的数据分类要求。

1.1.2.2　数据分类方法

在国标《信息分类和编码的基本原则与方法》（GB/T 7027—2002）中详细描述了数据分类的方法，可按数据主体、主题、业务等不同的属性进行分类。

数据分类的基本方法有三种：线分类法、面分类法、混合分类法。其中，线分类法又称为层级分类法、体系分类法；面分类法又称为组配分类法。

线分类法是将分类对象（被划分的事物或概念）按所选定的若干个属性或特征逐次地分成相应的若干个层级的类目，并排成一个有层次的、逐渐展开的分类体系。在这个分类体系中，被划分的类目称为上位类，划分出的类目称为下位类,由一个类目直接划分出来的下一级各类目,彼此称为同位类。同位类类目之间存在并列关系,下位类与上位类类目之间存在隶属关系。

面分类法是将所选定的分类对象的若干属性或特征视为若干个"面",每个"面"又可分成彼此独立的若干个类目。使用时,可根据需要将这些"面"中的类目组合在一起,形成一个复合类目。

混合分类法是将线分类法和面分类法组合使用,以其中一种分类法为主,另一种作为补充的数据分类方法。

1.1.2.3　常见的数据分类

1. 按照数据应用所属的产业进行分类

根据最新修订的行业分类标准《国民经济行业分类》(GB/T 4754—2017),国民经济行业分为四级,包括 20 个门类、97 个大类、473 个中类、1380 个小类。按照数据应用所属的产业不同分为金融业数据,制造业数据,批发和零售业数据,农、林、牧、渔业数据,卫生和社会工作数据,公共管理数据,社会保障和社会组织数据等 20 个门类。

2. 按照数据主题进行分类

根据不同的行业,可以以行业数据和业务特征进行数据主题分类。举例如下。

金融行业包括当事人、银行、市场营销、财务与风险、协议、产品与服务、事件、渠道、资产、地理区域等。

电信行业包括市场/销售、产品、客户、服务、资源、供应商/合作伙伴、公共业务等。

电力行业包括战略、项目、设备与案例、电网、市场、人员与组织、财务、物资、信息、综合等。

健康医疗包括大量基因组学数据(蛋白质组学和代谢组学)、检验数据、检测数据、影像数据、临床数据、药物数据、医疗费用数据和智能可穿戴设备产生的数据。

餐饮物流行业包括客户资料、港口地点、资金财务、订单、状态、轨迹、资源等。

教育行业包括教职工、学生、教学、教务、科研、资产财务、管理、就业、招生等。

烟草行业包括烟叶、物资、烟机零配件、成品、客户、订单、项目等。

3．按数据产生主体进行分类

个人数据包括个人独有的特征数据和参与经济活动、社会活动的行为数据。例如，个人的姓名、电话、住址、职业、学历、偏好、习惯、旅游去过的城市、购物的交易记录、上网浏览的页面等数据。

企业数据是企业在生产经营管理活动中产生的数据，来自企业内部与外部。例如，企业在调查、研发、生产、购买原材料、收货、交货、收款、付费等过程中产生的数据。

政务数据包含政府部门因开展工作而产生、采集，或者因管理服务需求而采集的外部大数据，为政府自有和面向政府的数据。例如，城市建设类（交通设施、旅游景点、住宅建设）数据、城市管理类（工商、税收、人口、机构、企业）数据、民生类（水、电、燃气、通信、医疗）数据、自然信息类（地理、资源、气象、环境、水利）数据等。

4．按照数据格式进行分类

结构化数据：是指通过传统的 ER 模型描述，可以利用二维表存储技术（基于行列存储结构的关系型数据库）进行存储和检索的数据。

半结构化数据：是指局部具备结构化特性、局部具备非结构化特性的数据，最典型的就是 XML 格式的数据。其实它由语义模型定义，也就是我们说的 Schema，即每个区域和段落分别代表不同的业务含义，采用类结构化 Json 存储，可以采用类 SQL 访问的方式进行处理。局部具备非结构化特性的数据可以采用非结构化数据处理的方法和手段。

非结构化数据：在 IT 领域没有绝对的非结构化数据，如所有格式的图片、视频、音频资料，只要对应有解析器，就必须有格式定义，否则解析器无法把它蕴含的数据内容呈现出来。所以，非结构化数据本质上只是相对于结构化数据和半结构化数据而言的，是不便于基于 SQL 检索和分析处理的内容，是需要通过专用技术引擎处理的数据。

5．按照数据获得的方式进行分类

第一方数据指企业通过自身的生产经营活动直接获得的数据，是企业拥有的一系列数据。例如，制造业企业在日常企业采购、生产、销售和运维过程中产生的各种数据属于该企业的第一方数据，企业对这些数据具有拥有权和控制权。通过对第一方数据的挖掘、使用与出售，可以给数据拥有者带来经济收益。

第二方数据指通过提供某种中介服务所获得的数据。例如，作为第三方支付平台的支付宝，可以通过对阿里系以外的企业提供支付通道，获取额外交易数据和信用数据。从拥有和控制角度来看，第二方数据的所有者（如支付宝）具有对数据的控制权，但这些数据会受到获取路径方式的限制，在使用、交换或交易的过程中会有不同的限制条件，经脱敏处理后，如匿名化、整体化等方式，才能实现对这些数据的有效控制和使用。通过对第二方数据的挖掘、使用与出售，也可以给数据拥有者带来经济收益。

第三方数据指通过爬虫技术等方式间接获得的数据。从拥有和控制角度来看，第三方数据的产权问题比较复杂。通过网络爬虫获取数据的企业或个人虽然可以使用这些数据，但是不能直接进行数据的交易或授权。

1.2　数据资产化

1.2.1　数据资产化的必要性

如前文所述，数据相当于对其记录事物的一种映射，或者说是任何事物本身在数字世界的一个投影。因此，数据本身的价值与数据映射对象的价值很难区分。这就决定了数据具有强烈的依附性。由于数据依附的事物已经拥有了完善的价值衡量和实现机制，因此数据价值很难分离并且难以得到进一步的挖掘。

近年来，随着数据的提取、储存、传输、标记、管理、保护技术的不断完善，加之数据自身具备的记录、复制、关联属性，并且能够越来越容易地进行挖掘、分析和利用，数据的独立存在性日益显现。数据不但能够映射所表征的事物，而且能够脱离所表征的事物而独立存在，从而成为一个新的事物，进而通过分析和知识发现等操作实现价值增值，这就使其成为一种新的资源——数据资源。

然而，数据成为资源，只表明其具有独立效用的一种属性，即享有该项资源的人可以开发利用这种资源，使其自身受益；但要使数据资源成为一个可以独立经营的对象，使其成为一种资本的载体，就必须使其资产化。具体来说，数据资产化的意义包括但不限于以下方面。

1. 数据资产化，更容易构建数据资产的所有权、使用权、控制权等权利体系

由于资产的权利体系已经十分健全，因此数据一旦成为资产即能够被合法占有，并明确产权和利益归属，这是数据被合法利用的前提。只有将数据纳入资产化管理，才能保证数据不被非法占有或者被非法获取进而危害社

会，阻滞数据技术和应用科学的发展，特别是在数据利用过程中不损害数据所有人的人身权利和财产权利。

2．数据资产化，使数据的分发传递更加有法可依

知识产权等无形资产的一个重要特性是可以复制和共享，这与数据能够无成本分发和复制的性质相同。数据资产化，则有关无形资产在独占使用、排他使用和一般使用等方面的权利分割体系，使数据的自行使用和分发使用具有了公认的规则。只有将数据纳入资产管理，才能够不但保证数据被自行使用，而且能够保证数据被合法地分发使用。如今数据工具乃至数据平台几乎无处不在，数据的所有权和使用权不断分离，用恰当的资产尤其是无形资产的法律框架来规范数据资产的占有和使用，是保证数据产业可持续发展的必由之路。

3．数据资产化，使数据具有了全方位的价值实现形式

数据的价值在于利用，数据利用价值的一个重要影响因素是时效性。这种利用不限于数据所有人，也不限于数据所承载信息的利用，而应该涵盖任何合法的潜在用户，以及通过加工处理、出让、转让、抵（质）押、证券化等任何合法的形式实现价值。如果不能充分利用这些价值实现形式，则数据使用的时效性会大打折扣，数据的潜在价值也不能够得到最大化的发挥。

4．数据资产化，更容易构建数据价值评估体系并推动数据定价和流通

如今，资产价值评估的理论和标准体系已经十分完善。数据资产化，明确了数据的资产属性，也明确了资产评估的一般原理和操作规则对于数据资产评估的普遍适用性。只要结合数据资产的特殊性质和规律，就可以形成社会公认的数据资产价值评估方法体系，这对数据资产的进一步开发利用具有十分重要的意义。

由此可见，数据资源能否从理论上、制度标准上和实践上真正实现资产化已经成为影响数据作为生产要素之一的价值实现，以及数据技术和产业发展的根本环节。

1.2.2 数据资产概念的演变

"数据资产"这个术语最早可以追溯到 20 世纪 70 年代，由理查德·彼得斯（Richard Peters）于 1974 年提出，是指政府证券、公司债权和实物债券等资产。从最早出现"数据资产"术语到现在已经 40 多年了，随着时间的推移，人们对数据资产的认识在不断深入，其内涵和范围也在不断地扩展。

1997 年，尤谷尔·阿尔甘（Ugur Algan）在《勘探生产数据库分析——实用创建技术》（*Anatomy of an E&P Data Bank: Practical Construction Techniques*）中提到数据资产，认为"公司的市场价值和竞争定位直接关系到其数据资产的数量、质量、完整性及由此产生的可用性"，并指出创建 E&P 数据库是利用好数据资产的第一步。

2009 年，托尼·费希尔（Tony Fisher）在《数据资产》中指出，数据是一种资产，企业要把数据作为企业资产来对待。同年，国际数据管理协会（DAMA）在《DAMA 数据管理知识体系指南》（*The DAMA Guide to the Data Management Body of Knowledge*）中指出，在信息时代，数据被认为是一项重要的企业资产，每个企业都需要对其进行有效管理。

2011 年，世界经济论坛（World Economic Forum）发布的《个人数据：一种新资产类别的出现》（*Personal Data: the Emergence of a New Asset Class*）中指出，个人数据正成为一种新的经济"资产类别"。

2013 年，《美国陆军信息技术应用指南》（*Army Information Technology Implementation Instructions*）中将数据资产定义为，"任何由数据组成的实体及由应用程序提供的读取数据的服务；数据资产可以是系统或应用程序输出的文件、数据库、文档或网页等，也可以是从数据库返回单个记录的服务和返回特定查询数据的网站；人、系统或应用程序可以创建数据资产。"

2015 年 7 月，北京中关村成立国内首家开展数据资产登记确权赋值的服务机构——中关村数海数据资产评估中心，用于推动大数据作为资产的确权、赋值并促进交易等。

2016 年 4 月，在"全球首个数据资产评估模型发布暨中关村数据资产双创平台成立仪式"上，贵州东方世纪科技股份有限公司用数据资产进行"抵押"，拿到了贵阳银行的第一笔"数据贷"放款，中关村数海数据资产评估中心与 Gartner 公司一起发布了全球首个数据资产评估模型。

2018 年 4 月，中国信息通信研究院云计算与大数据研究所发布的《数据资产管理实践白皮书（2.0 版）》中将数据资产定义为，"由企业拥有或者控制的、能够为企业带来未来经济利益的、以物理或电子的方式记录的数据资源，如文件资料、电子数据等。"数据资产概念的演变历程如图 1.1 所示。

国家标准《信息技术服务　数据资产　管理要求》（GB/T 40685—2021）中对"数据资产"的定义为，"合法拥有或者控制的，能进行计量的，为组织带来经济和社会价值的数据资源。"

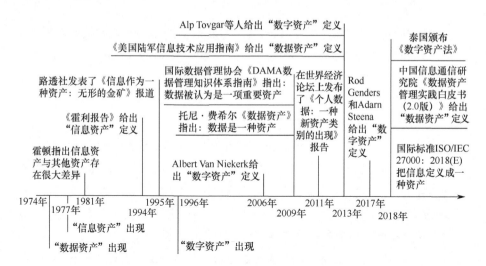

图 1.1　数据资产概念的演变历程

1.2.3　数据资产化的三个阶段

数据只有经过资产化过程才能拥有数据资产特征。数据资产发展至今经历了不同的发展阶段，不同学者从不同角度对数据资产的发展阶段做了总结（见表 1.1）。

表 1.1　不同学者对数据资产发展阶段的划分

划 分 依 据	数据资产发展阶段
根据信息、数据的商品化和金融化程度不同将"数据经济"分为六个阶段（韩海庭等，2019）	业务信息化 数据资源化 数据产品化 数据资产化 资产数据化 资产货币化
根据数据价值的演替趋势将数据价值的变化划分为三个阶段（刘涤西等，2017）	数字资源 数据资产 数据资本
数据资产管理包含四个阶段（公司：泰一数据，2019 年的博文《数据资产化的发展与挑战》）	数据仓库建设 数据的标准和质量管理 数据汇总和创新应用 数据资产运营
数据资产化过程包括三个阶段（纪婷婷等，2018）	建立行业共识 数据加工处理 数据包封装

本书综合不同学者的研究，将数据资产的发展历程分为业务数据化、数据资源化和数据资产化三个阶段（见图 1.2）。在业务数据化阶段，数据仅仅是对业务和事物的描述；而对数据进行进一步的价值挖掘后，就实现了数据资源化；数据资源经过资产化的过程，成为数据资产。

图 1.2　数据资产的发展阶段

1.2.3.1　业务数据化阶段

业务数据化是指将数据作为一种载体，采用数据描述大千世界的业务或事物。业务数据化阶段主要生成数据，沉淀数据素材。

按照数据生成的来源，可以将数据分为三种类型，如图 1.3 所示。

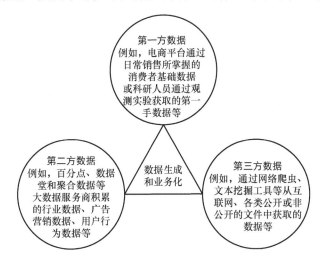

图 1.3　数据类型

第一方数据是指企业通过自身的生产经营活动直接获得数据，是企业所拥有的一系列数据。这类数据主要来源于企业本身，如淘宝、京东等电商平台通过日常销售所掌握的消费者基础数据，或通过进一步的处理、挖掘和集成，所掌握的消费者行为数据、市场需求数据等，或基于特定目标获取的第一手数据，如科研观测实验数据、政府公共部门数据、问卷调查数据及行业部门数据等。有效利用经过处理的第一方数据会为企业带来利益。

第二方数据是产业进一步细化分工的结果。当大企业更多地将重点聚焦于企业自身的优势竞争力时，会将部分运营管理的数据交由其他公司进行专业化的处理，由此产生了如百分点、数据堂和聚合数据这种提供大数据应用与技术支持的专业服务商。通过为各行业企业提供技术服务，这些大数据服务商积累了大量的行业数据、广告营销数据及用户行为数据。这类数据也是企业可以控制的，但是在来源、搜集、交易方面，在一定程度上依赖其他企业的协议约定，相对具有局限性。

第三方数据主要是指通过网络爬虫、文本挖掘工具甚至黑客手段从互联网、各类公开或非公开的文件中所获取的数据，这类数据并不是由搜集企业自身的交易和项目形成的，但确实会为相关数据的搜集者带来一定的经济利益。除了各个企业或相关主体的行为，百度等爬虫系统的搜索数据严格来说也属于这类数据。现阶段，虽然部分数据标记有明确的版权声明，但是绝大多数的数据都处于模糊声明的状态。在这种情况下，限于我国目前相关的立法现状，这类数据的所有权并不明晰，特别是涉及个人隐私的数据尤其敏感，经常会造成企业之间的纠纷。

业务数据化阶段通常以第一方数据为主，该类数据一般产生于企业的业务系统，如 ERP、CMS、营销系统等，是在运营过程中产生并由业务系统记录的数据，属于基础数据、原生数据、明细数据，机构或企业会将数据融入业务流程中。

1.2.3.2　数据资源化阶段

在数据资源化阶段，数据脱离了业务，做进一步价值挖掘。该阶段包含数据管理、数据治理、价值挖掘和融合应用等。

数据往往具有多源异构、多流程和多场景等特点，对第一阶段生成的数据通过有效的治理、管理和融合应用能够使数据更加规范和标准。数据资源化贯穿数据采集、存储、应用和销毁整个生命周期全过程，可以促进数据在"内增值，外增效"两个方面的价值变现，同时控制数据在整个管理流程中的成本消耗。

数据资源化从业务、技术和管理角度，可分为不同类型。从业务角度，可将数据整理分析后形成可以对外服务的数据，不过不同应用领域数据的价值和作用不同。例如，同样是电商数据，有人会关注其购买内容以研究不同商品间的关联关系，用于进行商品推荐；有人会关注下单流程，以研究人的决策过程及其影响因素。从技术角度，数据资源化主要包括海量数据采集、存储、分布式计算、突发事件应对等，并且要求具备对各种格式、类型的数据进行加工、处理、识别、解析等能力。从管理角度，数据资源化包括数据共享管理、数据价值管理、数据安全管理、数据质量管理、主数据管理、元数据管理、数据模型管理、数据标准管理、制度体系和组织架构等方面。由于数据在不同业务、不同系统中流动，数据资源化必须实现跨系统、跨业务的端到端治理，需要有机构统筹规划、决策、协调与推进，确保数据保值增值。

1.2.3.3　数据资产化阶段

数据资产化是数据社会化的过程，将数据作为一种资产分离出来，可以在社会上独立流转，通过交易、流通、抵押、融资等方式使数据资源向数据资产跃迁，实现价值变现。

数据资产化阶段是数据应用和挖掘的最高境界。只有当数据被精准应用于民生治理、金融风控、用户画像、健康医疗、供应链管理等诸多实践领域中，并反哺数据的采集与再生成，打造可持续的数据资产创新生态，方能最终落地，使每个人的数据都变成资产的一部分，促进大数据产业的持续繁荣。

随着数据量的增加和数据应用场景的丰富，数据间的关系变得更加复杂，问题数据也隐藏于数据湖中难以被发觉。智能化地探索梳理结构化数据间、非结构化数据间的关系将节省巨大的人力，快速发现并处理问题数据也将极大地提升数据的可用性。在数据交易市场尚未成熟的情况下，通过扩展数据使用者的范围，提升数据使用者挖掘数据价值的能力，将最大限度地开发和释放数据价值。

不过目前，数据资产化在概念上还没有形成统一认识，一方面是因为条件不成熟，另一方面从客观上讲，数据资产价值评估没有得到共识，在价值认定方面还有分歧，需要理论、方法和技术等方面的保障，让价值认定得到更广泛的认同和实现，从而不仅可以实现数据的内部流转，还可以使数据在社会上进行流转。

1.2.4　数据资产的概念和特点

1.2.4.1　数据资产的概念

由上述分析可知，数据资产首先是一种数据资源，该资源若要转化为数据资产，还需要符合资产及无形资产的定义。目前，比较完善的资产和无形资产的定义分别来自《企业会计准则——基本准则》和《企业会计准则第 6 号——无形资产》。

根据《企业会计准则——基本准则》，资产是指由企业过去的交易或事项形成的、由企业拥有或控制的、预期会给企业带来经济利益的资源。从这一定义可以看出，资产具有三大属性：

（1）由过去的交易或事项形成；

（2）由企业拥有或控制；

（3）预期会给企业带来经济利益。

同时，上述资源确认为，资产还需要满足如下确认条件：

（1）与该资源有关的经济利益很可能流入企业；

（2）该资源的成本或价值能够可靠地计量。

根据《企业会计准则第 6 号——无形资产》，无形资产是指企业拥有或控制的没有实物形态的可辨认的非货币性资产。

满足可辨认性需要具备如下条件之一：

（1）能够从企业中分离或划分出来，并能单独或与相关合同、资产、负债一起，用于出售、转移、授予许可、租赁或交换；

（2）源自合同性权利或其他法定权利，无论这些权利是否可以从企业或其他权利和义务中转移或分离。

同时，满足如下条件，才能确认为无形资产：

（1）与该无形资产有关的经济利益很可能流入企业；

（2）该无形资产的成本能够可靠地计量。

根据以上定义和限制条件，我们进行分析并得出以下结论：

第一，会计资产定义中限定主体为企业，这是由于该定义本身就属于企业会计准则的一部分，不可能超出企业的框架。但数据资产则不同，其拥有者或控制者可能是企业，也可能是其他组织。因此，数据资产定义的主体应是各种组织。

第二，会计资产定义中由"过去的交易或事项形成"的规定，也具有鲜明的会计特点，表明该资产有两种形成渠道，一种渠道是内部生成，另一种渠道是外购形成。数据资产的定义，也可以按照这两种渠道约束其形成方式，但与前文类似，未必需要受制于会计学的定义。

第三，会计资产（包括无形资产）确认条件并没有对资产的定义增加新的内容，仅增加了资产确定性程度的限制：带来经济利益的可能性要达到足够的高度，且成本或价值要足够确定，这实际上是从会计的重要性和可行性的角度要求的，并没有本质的区别。

第四，根据《企业会计准则第 6 号——无形资产》，无形资产是指企业拥有或控制的没有实物形态的可辨认的非货币性资产。该定义的要点除了资产定义自身的要素，还有两点：①"没有实物形态"的"非货币性资产"；②可辨认。

就第一条来说，数据资产定义无须强调，因为数据资产默认就是没有实物形态的；就第二条来说，也无须确认，因为无形资产的种类较多，有些无形资产可能难以辨认，但数据资产基本不存在辨认难度。

综合上述分析，数据资产的定义可做如下表述。

数据资产是指组织合法拥有或控制的、能进行计量的、能为组织带来经济利益和社会价值的数据资源。数据资产的定义明确了数据资产本身首先是数据资源，是数据的集合。企业数据资产管理的最终目的是要实现数据的价值，使数据从资源转变为资产。当数据资源可以变现或可以进行有效利用时，数据资产管理将完成整个周期的运行。随着数据资源越来越丰富，数据资产化将成为企业提高核心竞争力、抢占市场先机的关键。

1.2.4.2 数据资产的特点

从上述定义中可以看出，并非所有组织数据都可以认定为数据资产，只有经过识别并进行严格管理的，且具有实际应用价值的数据才能认定为数据资产。数据资产具有可增值、可共享、可控制、可量化的特征；相对来讲，其价值高、时效性强、风险显著。

1. 数据资产可增值

数据资产可增值是因为数据资产的价值易发生变化，随着应用场景、用户数量和使用频率的增加，其经济价值和社会价值也会持续增长。

企业资产的基本特征是会给企业和组织带来经济利益。而数据资产作为一种全新的资产类型，也必须有持续增值需求。

数据资产的价值更多体现在应用和流动的过程中。企业和组织也通过数据挖掘、数据租用、数据使能，不断使组织数据资产增值。一方面，组织需要通过数据交换拓展数据范围、扩大数据规模，只有数据范围越广、规模越大，才能对内提供更好的数据服务和决策支撑，对外提供更好的数据增值产品及使数据变现；另一方面，作为数据资产拥有者的企业，受其变现经验和渠道不足，以及技术能力等方面的限制，很难完全发挥和挖掘自身数据的价值，需要引入第三方合作并发挥彼此的优势，通过数据交易平台的方式，使数据变现更加简易，加速变现过程。

数据资产规模性特征比较明显，不同的数据资产之间通过参考比对、整合、关联和打通，可以产生比原有数据资产价值更大的数据价值。例如，企业业务的丰富和数据收集量的增加，会促使数据资产在原有的基础上，不断增加数据的维度，更为复杂的多维度数据蕴含着更大的价值。组织和企业通过完善业务、获取公共数据、跨界进行数据合作及租售数据等方式丰富自身的数据，进而使得自身的数据资产不断增值。

此外，数据资产作为一种无形资产不会因为使用频率的增加而磨损、消耗。无论是企业还是组织，均希望在法律法规和隐私保护的前提下，不断应用数据资产，以实现数据资产的增值。

2．数据资产可共享

数据资产可共享是指在权限可控的前提下，数据资产可被组织内外多个主体所共享和应用。

数据资产首先是一种虚拟资产，是存在于磁盘、磁带等 IT 存储介质与传统纸质媒介上的信息组合。IT 系统处理信息的能力，使得数据资产的价值更易于体现在各种 IT 系统的整个生命周期中（从对信息的记录、查询、运用、分析、传播到最后的销毁）。

由于数据资产是一种虚拟性、数字化资产，所以它是一种可以简单共享的资产，能够被无限制地简单复制，并被多方面共同使用。这是数据资产作为一种无形资产区别于其他绝大部分传统资产所独有的特征。传统资产如企业中的一条自动化生产线，其生产能力是固定的，在同一时间点它不能被随意共享给多个生产商进行产品的生产。而数据资产则没有这方面的限制，它可以同时被多个经过授权的消费者所读取、处理及分析。来自相同数据资产的不同数据产品可以同时服务于多个群体，这是数据资产共享性的充分体现。

同时，基于数据资产的虚拟性、可复制及便于共享的特点，数据资产更易外泄、被非法使用和被窃取。如何通过构建完善的数据安全体系，解决数据资产安全保护问题，成为组织和企业在建立和应用数据资产时需要着重和迫切考虑的问题。

3．数据资产可控制

数据资产可控制是指为满足风险可控、运营合规的要求，数据资产需要具备可控制、行为可追溯的能力。

数据资产具有可控制特性，只要成为组织的数据资产，无论是自我产生或外部公共数据，抑或是从外部购入和交换所得的数据。组织除成为数据资产拥有者之外，还要有能力可以控制和使用数据资产。

数据资产的易于复制和便于共享的特性，使得数据资产的安全问题远比普通资产重要程度高。一方面，数据的易复制性，容易出现数据泄露和数据被非法使用的情况，例如，国内外近几年频发不同行业的数据泄露事件，为后续的数据资产安全管理敲响了警钟；另一方面，数据资产增值性亦决定数据需要与外部进行交换和交易，而数据中又包含了大量用户隐私，如何在数据交换和交易时，保证涉及最终用户的敏感数据不泄露，是需要重点考虑的问题。

4. 数据资产可量化

数据资产可量化是指数据资产的质量、成本和价值等可计量、可评估。

数据资产作为一种资产类型，其成本或价值必须是可计量的，这是资产的一种必要属性。传统资产一般以货币计量，数据资产成为组织资产，则可以直接评估和计量。数据资产评估是数据资产量化的重要步骤，通过数据资产评估以量化方式评估数据质量、成本和价值，并可以准确地计量。

数据资产价值可量化面临的问题在于数据资产价值的多变性。数据资产价值的多变性体现在：数据资产价值往往会随着应用场景、数据使用对象、数据内容的不同产生明显的差异。

相同天气的气象数据集，在不同的应用场景下价值差异非常明显。例如，天气变得严寒时，人们购买羽绒服等御寒衣物的机会大增；南方春天天气潮湿，干衣机和抽湿机等物品的销量则会大增。电商企业会将气象数据的预测和分析结论运用到商品的采购、物流、上架及营销促销等领域。电商企业在这些场景下通过对气象数据的应用，对电商销售和运营的总体支持有非常明显的价值。相反，房地产行业的销售对天气的敏感程度可能相对没有这么明显，因此对于房地产销售应用场景，气象数据的价值相对就较低。

此外，数据资产价值的时效性比传统资产的时效性要显著得多，出于人类自身的天性，人们似乎更关心当前或者最近相关的信息和数据。因此，数据资产价值或者准确地讲数据资产的价值密度，会随着时间的推移而迅速下降。相对地，传统资产也存在时间折旧的问题，但时效性远没有数据资产那样显著。

  数据资产的计量目前未在财务处理中设立一级会计科目进行核算。确认为无形资产的，按照成本进行初始计量，如果预期不能带来经济利益，财务账面价值则被转销。未确认为无形资产的，制度和准则鼓励将其作为知识产权分项披露来源、成本、收益等。

第 2 章

数据资产化的现状、问题与对策

2.1 国外现状

2.1.1 全球现状概述

随着移动互联网、云计算、大数据、人工智能、区块链等新一代信息技术的迅猛发展，全球掀起了新的大数据产业浪潮，人类社会逐步从信息时代进入数据时代。数据成为推动全球经济增长的重要驱动力，成为继劳动力、资本、土地之外的又一重要生产力要素。国家竞争焦点已经从资本、土地、人口、资源的争夺转向了对数据的争夺，数据必将成为未来社会的重要资产，大数据产业本身也蕴藏着巨大的商业价值和社会价值，必将成为全球下一步促进创新、提高生产力的前沿领域。

在这样的背景下，社会治理的关键是在政府数据与社会主体数据之间建立一种开放共享的有效机制，形成一个激励相容、利益共享的机制体系，使各个主体既能积极挖掘和收集数据，又能打通数据壁垒，实现大数据既能便利地被决策者使用，又不至于遏制经营者和社会组织的主动行为，真正促进信息的流动。

数据资产研究对社会治理的促进作用主要表现在以下三个方面。

（1）促进社会治理精细化。提升社会治理智能化水平，要将人民需求作为公共服务和公共政策制定的出发点和落脚点，通过推动社会治理决策科学化和治理方式精细化，达到更优质、更关注细节和更加人性化的治理效果。大数据在社会治理中的价值主要体现在它有助于促进社会治理决策科学化和治理方式精细化。

（2）变革传统社会治理方式。提高社会治理智能化水平，需要创造性地运用大数据搭建共建的治理平台、整合共治的治理资源、确保共享的治理成果，利用大数据及时、全面地掌握社会治理情况及其变化趋势；变革原有自上而下的矛盾化解机制，逐步建立上下互动、主体多元的矛盾化解机制；实现从关注宏观数据向关注微观数据的转变，促进社会治理方式由简单粗放向科学精细转变。

（3）实现社会治理效益最大化。与传统管理方式不同，大数据强调了预测、预警、决策、智能四个要素，因此社会治理主体能够在大数据的支持下，选择正确的治理路径，避免在工作中出现盲目、无序等问题，实现社会治理的效益最大化。

在国外，随着数据管理行业的成熟和发展，数据资产管理（Data Asset Management，DAM）作为一门专业管理学科被广泛研究和总结。数据资产管理是规划、控制和提供数据及信息资产的一组业务职能，包括开发、执行和监督有关数据的计划、政策、方案、项目、流程、方法和程序，从而控制、保护、交付和提高数据资产的价值。就像其他有形资产货币化一样，企业数据和服务在资产负债表上也具有财务价值。通过数据资产管理从企业数据和服务中提取商业价值，推动数据创新，促进数据经济中新数据产品和服务的推出，可提升企业的运营绩效。

国际上成立了一些组织联盟以开展国际范围的数据服务和管理。例如，2011 年 9 月，巴西、印度尼西亚、墨西哥、挪威、南非、菲律宾、英国和美国共同签署了《开放数据声明》，宣告成立"开放政府合作伙伴"组织（Open Government Partnership，OGP）。截至 2021 年，该组织已由最初的 8 个成员增加至 78 个国家成员和 76 个城市成员。该组织致力于改变政府的服务方式，促进成员行政机构和管理部门、民间组织、公民项目负责人参与到开放数据的行动中来，分享各自的经验和资源，为研究机构观察和分析开放数据的行动及影响提供帮助。开放数据研究所（Open Data Institute，ODI）是一个非营利性国际组织，自 2012 年 12 月成立以来，一直致力于全球开放数据的研究工作。该研究所主要针对用户需求和商业模式的相关数据进行分析，帮助企业建立相关的制度规范，并培养数据技术人才。此外，国外一些数据资产领域的专家和学者成立了数据资产管理专业组织 DAMA 中国（国际数据管理协会），这是一个非营利性国际组织。DAMA 中国自 1980 年成立以来，一直致力于数据管理的理论研究、实践及相关知识体系的建设。

国际上已有涉及数据资产管理活动的指南和标准文件。例如，DAMA 组织众多数据管理领域的国际资深专家编著的《DAMA-DMBOK2 数据管理知识体系指南（第 2 版）》（*DAMA-DMBOK2: Data Management Body of Knowledge, 2nd*

Edition），深入阐述了数据管理各领域的完整知识体系，其中定义了 11 个主要的数据管理职能（包括数据治理、数据架构、数据建模和设计、数据存储和操作、数据安全、数据集成和互操作、文档和内容管理、参考数据和主数据管理、数据仓库与商务智能、元数据管理、数据质量管理），并通过 7 个环境元素（包括目标与原则、组织与文化、工具、活动、角色和职责、交付成果、技术）对每个职能进行描述。此外，该指南还包括数据处理伦理、大数据和数据科学、数据管理成熟度评估、数据管理组织和角色期望、数据管理和组织变革管理等内容。

　　由全球 31 个国家参与制定的 ISO 55000 系列资产管理标准，适用于任何类型的资产，包括各类无形资产（如租赁权、商标、数据资产、使用权、许可、知识产权、信誉或协议）。ISO 55000 的发布和实施对全球各类组织建立、实施、保持和改进资产管理体系有非常重要的意义。ISO 55000 系列标准包括三个标准，分别是 ISO 55000《资产管理——概述、原则和术语》、ISO 55001《资产管理——管理体系要求》、ISO 55002《资产管理——管理体系要求应用指南》（见表 2.1）。其中，ISO 55001 明确了资产管理体系的要素，涵盖了资产全生命周期管理，共分七个部分，即组织所处的环境（组织关系、相关方的需求和期望、确定资产管理系统的范围和要求）、领导（承诺、方针、职责、权限和作用）、策划（应对资产管理系统的风险和机遇的措施、目标及策略）、相关支撑（资源、胜任能力、意识、交流沟通、信息需求、存档信息）、实施（运行策划和控制、变更管理、外包）、绩效评价（监视、测量、分析和评价，内部审核，管理评审）和改进（不符合和纠正措施、预防措施、持续改进）。而针对数据资产，全球不同地区和国家相继制定了具体标准。例如，美国联邦地理数据委员会制定的一系列地理空间标准，欧盟制定的《开放数据元数据标准》，英国制定的《数据审计框架（DAF）》，澳大利亚制定的《开放政府数据的元数据标准》等。

表 2.1　ISO 55000 系列标准

ISO 55000 系列标准	简　　介
ISO 55000《资产管理——概述、原则和术语》	本标准对资产管理及其准则、术语和采取资产管理的预期获益进行了综述。本标准适用于所有类型的资产和所有类型及规模的组织
ISO 55001《资产管理——管理体系要求》	本标准给出了资产管理体系在组织环境下的要求。本标准适用于所有类型的资产和所有类型及规模的组织
ISO 55002《资产管理——管理体系要求应用指南》	本标准是与 ISO 55001 中的要求相统一的资产管理体系应用指南。本标准适用于所有类型的资产和所有类型及规模的组织

2012 年 5 月 29 日，联合国"全球脉动"（Global Pulse）计划发布了《大数据开发：机遇与挑战》，阐述了各国特别是发展中国家在运用大数据促进社会发展方面所面临的历史机遇和挑战，并为正确运用大数据提出了策略建议。国际组织从 2018 年起开始增设数字经济相关领域的合作谈判，如世界经济论坛、经济合作与发展组织（OECD）、亚洲太平洋经济合作组织（APEC）、世界贸易组织（WTO）、20 国集团（G20）和金砖国家（BRICS）等都在大数据发展、个人信息保护、网络安全等领域发布报告或推进相关规则谈判，开启新一轮的国际关系调整。2013 年 6 月，八国集团（G8）首脑峰会签署了《G8 开放数据宪章》。G8 国家中除俄罗斯外，其他国家（美国、英国、法国、德国、意大利、加拿大、日本）均已公开发布网络安全战略，俄罗斯也有类似网络安全战略原则的公开文件。在作为目前全球人类福祉的联合国可持续发展目标（SDGs）的 17 个目标中，多个目标和指标涉及数字经济和新兴企业。

全球不同地区和国家在数据资产领域积累了较多理论基础与实践经验，包括政府与企业组织开展数据资产管理、建立相关标准与法规、开展评估工作等（见表 2.2）。本章后续各节将分别介绍北美地区、欧洲地区、大洋洲地区和亚洲地区在数据资产领域的现状，从理论研究、相关标准、法律法规及应用实践四个方面详细展开。

表 2.2　全球不同地区数据资产相关理论与实践情况

地区	国家	政　策　计　划	指南/标准	法　律　法　规	应　用　实　践
北美地区	美国	《透明与开放的政府备忘录》；13526 号总统令；13556 号总统令；13642 号总统令；《开放数据政策——将数据当作资产管理备忘录》；《大数据：把握机遇，守护价值》；第三次行动计划；《联邦数据战略与 2020 年行动计划》	《联邦信息和信息系统安全分类》	《信息自由法》《开放政府指令》《开放的、公开的、电子化的及必要的政府数据法》（《开放政府数据法案》）《加利福尼亚州消费者隐私保护法案》（CCPA）	政府数据门户；数据资产积分系统

（续表）

地区	国家	政　策　计　划	指南/标准	法　律　法　规	应 用 实 践
北美地区	加拿大	《开放政府协议》《开放数据宪章——加拿大行动计划》《开放政府合作伙伴的第三次两年计划（2016—2018）》《国家数据战略路线图》《信息获取政策》	《开放数据 101》《政府数据开放指导》《元数据标准》《信息获取法管理指导》《加拿大政府数据开放许可》	《信息获取法》	政府数据门户、加拿大开放数据交换中心
欧洲地区	英国	《英国农业技术战略》《国家信息基础设施实施文件》《G8 开放数据宪章英国行动计划 2013》《2016—2018 年英国开放政府国家行动计划》《开放政府国家行动计划 2019—2021》	《PAS 55 标准与信息资产的管理接口》《数据资产框架（DAF）》《政府部门信息再利用：规则和最佳实践指南》	《自由保护法》《公共部门信息再利用条例》《公共部门信息再利用指令》	政府数据门户；开放数据研究所；农业技术创新中心；数字仓储审计工具
	法国	《人权宣言》《2015—2017 年国家行动计划》	—	"透明义务"宪章；开放许可证和数据库开放可证（ODBL）制度；开放数据运动的异议审查制度；《数字共和国法案》；《个人数据保护法》	政府数据门户；企业与机构索引信息系统
	德国	《2005 年联邦政府在线计划》《德国在线计划》《针对数据和算法的建议》	—	《信息和通信服务规范法》《联邦数据保护法（BDSG）》《联邦版权法（UrhG）》《联邦中央登记法（BZRG）》《信息扩展应用法案（IWG）》《空间数据存取法（GeoZG）》《环境信息法（UIG）》《消费者信息法（VIG）》《信息自由法（IFG）》《开放式数据法案（ODG）》	政府数据门户

（续表）

地区	国家	政 策 计 划	指南/标准	法 律 法 规	应 用 实 践
欧洲地区	欧盟	《开放数据——创新、增长和透明治理的引擎》《数据驱动经济战略》《关于公众获取欧洲议会、理事会、委员会文件的规定》	《公共部门信息再利用指南》《关于公共部门信息再利用许可标准、数据集和收费模式的指南》《欧盟开放数据的元数据标准：通用的 DCAT-AP》《欧盟开放数据的元数据标准：地理领域的 GeoDCAT-AP》《欧盟开放数据的元数据标准：统计领域的 StatDCAT-AP》《数据目录词汇表第三版》	《通用数据保护条例》《公共部门信息再利用指令》	统一的开放数据门户——"欧洲数据门户"（European Data Portal，EDP）
大洋洲地区	澳大利亚	《开放政府宣言》《公共部门信息开放原则》《数字转型政策》《开放获取政策》《2020 年数字连续性政策》《公共数据政策声明》《澳大利亚技术未来——实现强大、安全和包容的数字经济》	《澳大利亚政府文件管理元数据标准》《澳大利亚开放政府数据的元数据标准》《隐私管理框架》《澳大利亚政府开放获取和授权框架》《新南威尔士州基础设施数据管理框架》《新南威尔士大学数据分类标准》	《隐私权法》《信息自由法》《档案法》《电信传输法》	政府数据门户；多机构数据集成项目；开放政府数据价值评估
	新西兰	《新西兰政府数据管理政策与标准》《新西兰地理空间战略》《数字战略 2.0》《国家健康 IT 计划》	《政府持有信息政策框架》《新西兰政府数据管理政策与标准》《新西兰政府开放获取及许可框架》	《官方信息法案》《隐私权法案》《版权法案》《公共记录法案》	政府数据门户

（续表）

地区	国家	政策计划	指南/标准	法律法规	应用实践
大洋洲地区	新西兰	《开放和透明政府声明》 《新西兰数据和信息管理原则》 《政府信息和通信技术战略2015》 《政府信息和通信技术战略与行动计划2017》	《高价值公共数据重用的优先级与开放：流程与指南》 《新西兰统计部数据管理与开放实践指南》 《新西兰统计部机密性指南》 《新西兰统计部元数据与文档指南》 《新西兰统计部数据开放实践指南》 《电子表格或CSV：开放数据管理者指南》		
亚洲地区	日本	《创建世界尖端IT国家宣言》 《面向2020年的ICT综合战略》 《政府开放数据战略》 《促进地方政府数据开放纲领》	行政、商业及运输业的电子数据交换（EDIFACT）业务层次语法规则； JIS X0137-2—2003 CASE数据交换格式，CDIF框架第2部分建模和可扩展性； 《开放数据基本指南》	《著作权法》 《行政机关信息公开法》 《个人信息保护法》 《推进官民数据利用基本法》	日立制作所——发展指导大数据利用方式的服务项目； 富士通——启动800人的"Data Initiative Center"； 电通——提供位置信息分析服务"Draffic"
	新加坡	"智能城市2015"发展蓝图； "智慧国家2025"计划	《关于国民身份证及其他类别国民身份号码的（个人数据保护法令）咨询指南》 《绿色数据中心标准》	《个人数据保护法令》 《个人数据保护规例》	信息通信研究院； 土地管理局； 陆路交通管理局； 环境管理局

2.1.2 北美地区

2.1.2.1 美国数据资产相关现状

美国是最早重视数据资产的国家之一，美国重视数据资产是从开放数据工作开始的。1966 年，美国公布的《信息自由法》（ *The Freedom of Information Act*，FOIA）明确了对政府信息资源的获取和利用是公民的权利，奠定了美国政府数据开放的基础。

美国是世界上最早建立"一站式"数据门户的国家，自 2009 年 5 月美国国家政府数据门户上线以来，截至 2020 年 5 月美国已经发布了 210644 个数据集，并根据领域进行了分类，涵盖农业、商业、气候、消费、生态系统、教育、能源、金融、健康、地方政府、制造业、海洋、公共安全和科研 14 个领域。美国的开放政府数据直接为后来的诸如英国、法国、加拿大、澳大利亚等国树立了榜样。

21 世纪以来，美国加大力度从政策法规和标准等方面持续推进数据管理及数据资产相关工作（见表 2.3），并取得一系列成效。在法律法规上，2018 年 12 月 22 日，美国国会两院通过了《开放的、公开的、电子化的及必要的政府数据法》，于 2019 年 1 月 14 日总统签署之后正式施行，其中规定总务管理局建立联邦数据目录；美国的《加利福尼亚州消费者隐私保护法案》（CCPA）于 2020 年 1 月 1 日起正式生效，CCPA 规定了加利福尼亚州居民获得的包括数据访问权、删除权、禁止歧视等在内的一些新权利。2019 年 12 月 23 日颁布的《联邦数据战略与 2020 年行动计划》（见表 2.4）中，描述了美国联邦政府未来十年的数据愿景，确立了政府机构应如何使用联邦数据的长期框架，其中提出的 20 项具体行动方案中，多项涉及了数据标准的制定，如第 9 项行动方案指出要改善财务管理数据标准，将重点放在财务管理数据资产上；第 20 项行动方案明确指出要开发数据标准存储库，并连接到联邦企业数据资源存储库，将联邦信息作为战略资源进行管理，将信息作为资产进行管理。

在数据管理上，美国卡耐基梅隆大学软件工程研究所（Software Engineering Institute，SEI）发布了数据能力成熟度模型（DMM）。通过 DMM 企业可以评估其当前数据管理能力的状态，包括但不限于能力成熟度、识别差距和纳入改进指南等，并根据评估结果，定制一个数据管理的实施路线图，以提高企业数据管理能力。该模型包括 25 个过程域，由 20 个数据管理过程域和 5 个支持过程域组成，按管控维度不同分为数据战略、数据治理、数据质量、数据运营、平台与架构和支撑流程 6 个类型。

表 2.3　美国数据资产相关的政策法规和标准

名　　　称	发 布 时 间	内 容 概 述
《信息自由法》	1966 年 7 月 4 日	提出"公开是原则，不公开是例外"的原则，明确了对政府信息资源的获取和利用是公民的权利，确立了公众提出信息请求和获取政府信息的程序
FIPS 199《联邦信息和信息系统安全分类》	2003 年	针对 FISMA 为信息和信息安全定义的机密性、完整性或可用性安全目标，FIPS 199 划分低、中、高三种响应级别，用于确定信息和信息系统的安全类别
《透明与开放的政府备忘录》	2009 年 1 月 21 日	要求建立一个透明的、参与性的、多方协作的政府，并组织相关机构尽快形成《开放政府指令》
《开放政府指令》	2009 年 12 月 8 日	要求政府建立高价值数据系统，建立统一的开放政府网站，政府相关部门提供更加明确、详细的开放政府计划
13526 号总统令	2009 年 12 月 29 日	用统一机制来分类、保护、解密国家机密信息
《受控非密信息》13556 号总统令	2010 年 11 月 4 日	强调美国"敏感信息"管理涉及从安全、隐私到商业利益的方方面面； 为敏感但非涉密信息创建开放、标准的系统，减少对公众的过度隐瞒
13642 号总统令	2013 年 5 月 9 日	规范数据格式，制定开放数据的统一标准；对联邦大数据管理工作提出了新的准则，提出在保护好隐私安全性与机密性的同时，将数据公开化及可读写化纳入政府的义务范围
《开放数据政策——将数据当作资产管理备忘录》	2013 年 5 月 9 日	提出了开放政府政策实施的框架与计划，指出数据是一种非常有价值的资源，数据的开放能够推动社会创新
《大数据：把握机遇，守护价值》	2014 年 5 月 1 日	提出大数据技术为美国经济、人民的健康和教育、能源利用率，以及包括信息安全在内的国家安全等提供了难得的机遇
第三次行动计划	2015 年 10 月 27 日	指出向公众开放的数据必须是可发现的、可访问的、符合标准的、可信赖的、可重用的，以提高政府透明度和改善公共服务

（续表）

名 称	发布时间	内容概述
《开放的、公开的、电子化的及必要的政府数据法》（《开放政府数据法案》）	2018 年 12 月 22 日	规定总务管理局建立的联邦数据目录，必须包括公众如何获得数据资产的信息与申请过程等。该法案对于公开的数据规定了机器可读性、可检索性和开放性格式三项要求，以及受控词表、元数据文件格式、著录对象、分类和属性、元数据的扩展等相关规定
《联邦数据战略与 2020 年行动计划》	2019 年 12 月 23 日	描述了美国联邦政府未来十年的数据愿景；确立了政府机构应如何使用联邦数据的长期框架；提出建立重视数据并促进数据共享使用的文化、如何保护数据，以及探索有效使用数据的方案；尤为重视人工智能研发所需的数据资源，为人工智能的未来发展厘清路线
《加利福尼亚州消费者隐私保护法案》（CCPA）	2020 年 1 月 1 日	明确了加利福尼亚州居民获得的新权利，包括数据访问权、数据删除权、选择不销售个人信息、禁止歧视等

表 2.4 《联邦数据战略与 2020 年行动计划》

名 称	任务方向	主 题	内容概述
《联邦数据战略与 2020 年行动计划》	数据管理实践（40 项）	建立重视数据并促进数据共享使用的文化	如通过数据指导决策、评估公众对美国联邦政府数据的价值和信任感知、促进各个机构间的数据流通等
		保护数据	如保护数据完整性、确保流通数据的真实性、确保数据存储的安全性、允许修改数据提高透明度等
		探索有效使用数据的方案	如增强数据管理分析能力、促进访问数据的多样化路径等
	行动方案（20 项）	机构行动	由单个机构执行，旨在利用现有机构资源改善数据能力
		团体行动	由若干个机构围绕一个共同主题执行的，通过一个已建立的跨机构协会或其他现有的组织机制予以协调，将有助于联邦数据战略更快、更一致地实现其目标
		共享行动	由单一机构或协会主导，以所有机构为受益人，利用跨机构资源实施的行动，为实施联邦数据战略提供政府范围的数据治理引导、指南或工具

2013 年，美国在《开放数据政策——将数据当作资产管理备忘录》中明确提出将数据作为政府资产进行管理。在联邦数据资源存储库中，要求将联邦数据作为战略资源进行管理，将数据作为资产进行管理。《联邦数据战略与 2020 年行动计划》的核心目标是"将数据作为战略资源开发"（Leveraging Data as a Strategic Asset），对数据的重视程度继续提升，聚焦点由技术转向资产。《联邦数据战略与 2020 年行动计划》出台后，美国政府将逐步建立强大的数据治理能力，充分利用数据为美国人民、企业和其他组织提供相应的服务。

Chrysalis Partners 是美国帮助数据所有者有效利用数据资产的公司，该公司提供了一个数据资产积分系统（Data Monetization Scorecard），能够让专业人士获得关于充分利用数据并从中获利的有意义的评估。该系统考虑了数据价值的 100 多个独立属性，能够为数据所有者提供一种客观的方法来评估其数据资产的真实价值和潜在的创收能力。数据资产积分系统的评估指标分为两大类（见表 2.5），一类是数据价值，帮助用户评估其实际数据的价值，特别是与创建增量价值流有关的数据，通过识别各种类型的数据及其特征，用户可以获得自定义的价值得分，主要从数据类型及其属性特征两个维度来进行组合评估；另一类是数据利用，即对数据的使用效率和程度。通过在线工具，用户能够选择部分或者全部选项进行评估和评分，能够快速地实现对企业数据资产的摸底了解。

表 2.5　数据资产积分系统的评估指标

一级指标	二级指标	具 体 内 容
数据价值	数据类型	包括消费者联系数据、B2B 联系数据、公司数据、购买数据、行为数据、人口统计数据、意向或调查数据、位置数据、POI 数据、物联网/机器数据、产品/所有权数据、社交媒体流数据、浏览器和会话数据、视频指标数据、点击浏览数据、响应率数据、用户代理数据、订阅用户数据、地址数据、地图数据、交易数据、健康/医疗数据、全国人口数据、消费数据、法院数据、能源/公用事业数据、专业客户数据及其他数据等将近 30 种类型的数据，基本涵盖了主要的政府数据、商业数据和科研数据等主要类型
	特征属性	包括覆盖范围、更新频率、属性深度、唯一性、数据质量和地理范围六种类型
数据利用	效率和指标用途	包括商业智能平台到位、财务认知、销售和营销认知、运营效率和认知、客户指标和认知

（续表）

一级指标	二级指标	具 体 内 容
数据利用	客户成功跟踪和报告	包括主动项目/活动/状态报告、基准化报告和警报、竞争更新和机会警报等
	营销、公关和销售支持	包括公关警报、产品发布、现场和区域营销、全国行销、思想领导力内容、行业权威内容、内部销售警报、客户特定的销售材料、行业或类别特定的材料等
	创造增量收入	包括交换和交易所、合作、混搭、增强与充实、租赁、执照、联合组织、DaaS 产品、联合产品、报告/内容订阅等

总体来讲，美国数据开放历史较为久远，数据开放程度整体较高，在政策、法规与标准上形成了比较完善的体系；在数据资产及其评估上起步也早，不仅有政策支持，还建立了具有实操性的数据资产积分系统，将数据资产的评估落到了实处。

2.1.2.2　北美地区数据资产相关现状

北美地区开放政府数据的起步时间较早，美国和加拿大均是从政府数据开放领域开始开展数据资产管理工作的，通过推动政府数据的开放性、透明性和可获取性，发挥数据的社会价值。此外，美国和加拿大均从国家战略的高度，制订了数据战略和具体行动计划，美国的《联邦数据战略与2020 年行动计划》和加拿大的《国家数据战略路线图》为开放数据和数据资产相关工作提供了政策支持和具体落实方案。从数据开放的启动、运营到实施的细枝末节都离不开政策的指导。数据资产战略是国家总体数据战略和数据治理工作的重要组成部分，其明确的建设规划，有助于在治理、市场和资产等方面进行协同综合考虑。北美地区将数据资产及其评估提高到国家战略高度，提出或已经制定了指南和标准（见表 2.6）。例如，加拿大的《国家数据战略路线图》中提出，在道德和安全使用数据方面，制定和实施新的框架和标准，政府建立并集中持有数据视图，制定政府数据质量框架，并为数字政府资产的长期管理制定指南。中国在数据资产评估方面还处于起步阶段，应借鉴国外成功经验，从国家政策战略出发，推动国家层面的数据资产及其评估的法规、指南和标准的建立。从数据资产价值评估来讲，北美地区已有数据资产评估指标与评估系统（美国的数据资产积分系统）。中国目前还缺少这样的规范性和标准性的指标体系，也没有建立具有实操性的数据资产评估系统。因此，亟须建立标准与指南来指导数据资产评估工作。

表 2.6 北美地区数据资产相关的政策法规、标准及实践

国 家	政 策 法 规	相 关 标 准	应用实践
美国	《信息自由法》； 《透明与开放的政府备忘录》； 《开放政府指令》； 13526 号总统令； 13556 号总统令； 13642 号总统令； 《开放数据政策——将数据当作资产管理备忘录》； 《大数据：把握机遇，守护价值》白皮书； 第三次行动计划； 《开放的、公开的、电子化的及必要的政府数据法》； 《联邦数据战略与 2020 年行动计划》； 《加利福尼亚州消费者隐私保护法案》（CCPA）	《联邦信息和信息系统安全分类标准》（FIPS 199）； 联邦地理数据委员会制定的一系列地理空间标准	政府数据门户； 数据资产积分系统
加拿大	《开放政府协议》 《开放数据宪章——加拿大行动计划》 《开放政府合作伙伴的第三次两年计划（2016—2018）》 《国家数据战略路线图》 《信息获取法》 《信息获取政策》	《政府数据开放指导》 《信息获取法管理指导》 《加拿大政府数据开放许可》 《开放数据 101》 《元数据标准》	政府数据门户； 加拿大开放数据交换中心

2.1.3 欧洲地区

2.1.3.1 欧盟数据资产相关现状

自 20 世纪末以来，欧盟开始重视公共部门信息的开放再利用。欧盟委员会为促进各成员国加强公共部门信息再利用工作，开展了大量研究和咨询，相关制度体系逐步完善（见表 2.7）。

1999 年，欧盟委员会在《关于公共部门信息的绿皮书》中指出公共部门信息是欧盟的关键资源，在 2001 年年底起草的《公共部门信息开发利用的欧盟框架》中提出为了能够对公共部门掌握的文档进行再利用和商业开发，

需要建立一个标准。

表 2.7 欧盟数据资产相关的政策法规和标准

名　　称	发 布 时 间	内 容 概 述
《开放数据——创新、增长和透明治理的引擎》	2011 年 12 月 12 日	报告以开放数据为核心，制定了应对大数据挑战的战略
《数据驱动经济战略》	2014 年	一是研究数据价值链战略计划（包括开放数据、云计算、高性能计算和科学知识开放获取）；二是资助"大数据"和"开放数据"领域的研究和创新活动
《关于公众获取欧洲议会、理事会、委员会文件的规定》	2001 年 11 月 3 日	授予欧盟公众或机构获取欧洲议会、理事会、委员会三大机构文件的权利；明确了拒绝提供文件的情况及相关问题的解决办法；对公共部门为申请者提供信息的形式及收费情况等做了要求和说明
《公共部门信息再利用指令》	2003 年 11 月 17 日发布，2013 年 6 月 26 日修订发布	明确提出公共部门的数据信息是信息服务的重要原始材料，公共部门要为这些信息的再利用构建一个总体框架，从而形成公平、均衡的数据使用环境。明确了政府公共部门信息再利用的适用范围、授权标准、基本原则、收费标准、批准条件和救济程序等，形成了各成员国的统一规范
《公共部门信息再利用指南》	2014 年 7 月 17 日	在授权许可、开放范围、定价手段三个具体方面提供了非强制性指导
《关于公共部门信息再利用许可标准、数据集和收费模式的指南》	2014 年 7 月	对许可标准和收费模式进行指导性说明
《通用数据保护条例》（GDPR）	2018 年 5 月 25 日	共 11 章内容、99 条规定，包括通用数据保护原则、数据主体权利、监管机构、授权法案与实施性法案等。防止政府数据资产开放过程中侵犯个人数据，更好地促进政府数据资产开放与利用的长足发展
《欧盟开放数据的元数据标准：通用的 DCAT-AP》	2013 年 9 月 2 日发布，2015 年 2 月修订	包括 5 个强制类、4 个推荐类和 15 个可选类
《欧盟开放数据的元数据标准：地理领域的 GeoDCAT-AP》	2015 年 3 月	面向欧盟现有的地理元数据标准（INSPIRE 与 ISO 19115），提供与 DCAT-AP 相一致的描述形式；基于 DCAT-AP 词汇表和 RDF 语法，给出地理元数据的 RDF 表达与编码方式，提升语法和语义互操作性。用于在专门的地理数据门户和通用的数据门户之间共享元数据，以及在欧盟范围内集成"空间数据基础设施"中的数据资源等

（续表）

名　　称	发布时间	内　容　概　述
《欧盟开放数据的元数据标准：统计领域的 StatDCAT-AP》	2016 年 12 月	StatDCAT-AP 的开发目标是在欧盟统一的数据门户网站中集成统计数据网站，提高统计开放数据的可发现性。 在 DCAT-AP 的基础上，增加了 6 个属性描述数据集的维度、质量状况和度量单位等信息，同时增加 4 个类作为这些属性的值域
《DCAT（Data Catalog Vocabulary）在欧洲数据平台应用标准》	2015 年 6 月 20 日	内容包括应用标准的分类及各分类下的属性和受控词表等

2003 年 11 月 17 日，欧盟委员会颁布《公共部门信息再利用指令》，该指令针对文字材料、数据库、音频文件及影像资料等信息的再利用及其带来的经济效益进行了规定。截至 2008 年 5 月 8 日，全部欧盟成员国都已将该指令转化为国家法律，确保信息再利用相关工作的开展。2013 年 6 月，修订后的版本获得欧洲会议通过，修订后的指令规定了不能被再利用的数据，如个人隐私数据、受知识产权或隐私保护条例保护的数据等。为了引导各成员国更好地采用《公共部门信息再利用指令》，并提升公共部门信息在市场中的地位、构建欧盟数据经济，2014 年 7 月 17 日，欧盟委员会发布了《公共部门信息再利用指南》。为解决授权和收费问题对公共部门信息再利用的阻碍，欧盟委员会于 2014 年 7 月发布《关于公共部门信息再利用许可标准、数据集和收费模式的指南》，该指南是欧盟委员会通过挖掘数据价值来推进欧洲经济做出的重大努力之一。

此外，欧盟还成立了各成员国共享的政府数据开放平台。2015 年 11 月，欧盟委员会正式启动了"欧洲数据门户"（European Data Portal，EDP）。EDP 作为欧洲统一的开放数据门户，收集整合了欧洲各国的政府数据，并以统一的格式进行数据发布，使用户可以"一站式"检索到多个国家和地区的政府数据资产，从而提高数据的可获取性。目前，从政府数据的收集和发布到整合和利用，EDP 已建立了较为规范的管理体系。

2018 年 5 月 25 日，欧盟《通用数据保护条例》（General Data Protection Regulation，GDPR）在欧盟全体成员国正式生效。该条例更新了欧盟成员国及任何与欧盟各国进行交易或持有公民（欧洲经济区公民）数据的公司，其收集、传输、保留或处理个人信息的行为均受该条例的约束。GDPR 旨在通过强调数据控制者的透明度、安全性和问责性来规范和加强欧洲公民的数据隐私权。根据 GDPR 的规定，企业在收集、存储、使用个人信息时要取得用户的同意，用户对自己的个人数据有绝对的掌控权；出现个人数据泄露后，企业要在 72 小时内向数据保护监管部门报告；企业还要配备熟悉 GDPR 条款的数据保护专员，和数据保护监管部门保持沟通。总体而言，GDPR 是欧盟给企业打造的一顶严厉的"紧箍咒"，在保护个人信息安全方面，企业将会面对空前的压力，这也为科技型企业进军欧盟提高了不少的门槛。

2.1.3.2 欧洲地区数据资产相关现状

欧洲地区的数据门户网站具有统一性和规范性。英国于 2010 年建立政府数据开放门户，是全球第二个实施开放政府数据的国家。2011 年 12 月 5 日，法国政府开放数据门户网站正式上线，2013 年 12 月 18 日网站进行了全面更新。2015 年年初，德国数据管理、查询和再利用的官方门户网站 GovData 正式上线，2018 年年初进行了升级改版，将联邦政府和各级地方政府机构所监管的数据通过区块链技术有序地汇聚到一起，有利于让行政人员、公民、企业和学者，跨层级、跨领域地从一个中央级别的统一入口获取政府、公共行政和监管部门的数据和信息。欧盟具有较为完备的元数据标准体系，在元数据交换和互操作上效果显著。基于统一的元数据标准，欧盟成立了各成员国共建共享的数据门户，以统一的格式进行数据发布，使用户可以"一站式"检索到多个国家和地区的政府数据资产，有利于数据在各成员国之间的共享流动，加大数据开放程度和可获取性，提高数据的使用效率。欧盟开放数据门户因其首先面向全部成员国，成为数据共享互操作探索方面的领先者。

欧洲的公共部门信息再利用工作有系统的政策和标准规范的支持。例如，英国作为 OGP 成员，自 2011 年起每两年发布《开放政府国家行动计划》，主要设定未来两年具体的、可操作的并有时间限制的政府开放承诺，明确每项承诺牵头实施的部门及可采取的具体措施。英国的开放数据支持者们非常重视标准的建立，英国内阁办公室发布的政策白皮书《国家信息基础建设》（2013 年 10 月发布，2015 年 3 月更新）第七原则中提到"相互关联的数据要以标准化的记录方式识别，并与其他数据建立联系"。欧盟统一开放数据门户的建立离不开《公共部门信息再利用指南》《欧盟开放数据的元数据标准：通用的 DCAT-AP》等的规范化指导。

欧洲地区一方面大力推动开放数据和信息化建设，另一方面格外重视数据保护和信息安全，设立了健全的法律法规来保护数据和信息安全。欧洲政府数据开放行动的顺利推进得益于一系列法律法规的出台和修订。欧盟的

《通用数据保护条例》被称为"史上最严数据保护条例"。英国政府在法律法规建设方面十分注意紧跟国际潮流，及时将国际组织的倡议转化为本国的法律法规。法国于 2016 年发布了以保障用户使用数据的权利并保护个人数据隐私、确保互联网用户能够免费获得自己的数据、设置互联网接入的最低门槛三个部分为主的《数字共和国法案》。德国制定了一系列法律对政府数据进行统一的开放管理，从国家层面确立了数据保护的基本规则和主体框架。例如，德国于 2002 年通过并于 2009 年修订的《联邦数据保护法》是德国关于数据保护的专门法，其中规定"信息所有人有权获知自己哪些个人信息被记录、被谁获取、用于何种目的；私营组织在记录信息前必须将这一情况告知信息所有人；如果某人因非法或不当获取、处理、使用个人信息而对信息所有人造成伤害，此人应承担责任。"此外，德国还颁布了多项与数据保护相关的法律法规。通过建立标准和法规，欧洲地区的开放数据行动形成了一个高效、有序、安全的整体（见表 2.8）。

表 2.8 欧洲地区数据资产相关的政策法规、标准及实践

国家和地区	政 策 法 规	相 关 标 准	应 用 实 践
欧盟	《开放数据——创新、增长和透明治理的引擎》 《数据驱动经济战略》 《关于公众获取欧洲议会、理事会、委员会文件的规定》 《公共部门信息再利用指令》 《通用数据保护条例》（GDPR）	《公共部门信息再利用指南》 《关于公共部门信息再利用许可标准、数据集和收费模式的指南》 《欧盟开放数据的元数据标准》	统一的开放数据门户："欧洲数据门户"（European Data Portal，EDP）
英国	《公共部门信息再利用条例》 《英国农业技术战略》 《国家信息基础设施实施文件》 《G8 开放数据宪章英国行动计划 2013》 《2016—2018 年英国开放政府国家行动计划》 《开放政府国家行动计划 2019—2021》 《自由保护法》	《政府部门信息再利用：规则和最佳实践指南》 《数据资产框架（DAF）》	政府数据门户；开放数据研究所；农业技术创新中心；数字仓储审计工具

（续表）

国家和地区	政 策 法 规	相 关 标 准	应 用 实 践
法国	《人权宣言》； "透明义务"宪章； 《数字共和国法案》； 《2015—2017 年国家行动计划》； 开放许可证和数据库开放许可证（ODBL）制度； 开放数据运动的异议审查制度； 《个人数据保护法》		政府数据门户； 企业与机构索引信息系统
德国	《2005 年联邦政府在线计划》 《德国在线计划》 《针对数据和算法的建议》 《信息和通信服务规范法》 《联邦数据保护法（BDSG）》 《联邦版权法（UrhG）》 《联邦中央登记法（BZRG）》 《信息扩展应用法案（IWG）》 《空间数据存取法（GeoZG）》 《环境信息法（UIG）》 《消费者信息法（VIG）》 《信息自由法（IFG）》 《开放式数据法案（ODG）》		政府数据门户

　　欧洲地区在数据资产管理上具有成熟的理论框架与实践工具。例如，英国的《数据资产框架（DAF）》通过四个步骤对数据资产进行管理和审查：审计规划、资产确认和分类、资产评估管理、报告和建议（见图 2.1）。此外，DAF 还提出了具有代表性的数字知识库审计工具——DRAMBORA（Digital Repository Audit Method Based On Risk Assessment，基于风险评估的数字仓储审核方法），能够方便审计人员确定和识别数字知识库的任务、活动和资产等。英国政府一直重视增加英国开放数据的经济价值，寻找基于开放数据

的商业机遇，从而激励更多的人使用开放数据和挖掘开放数据的价值。

图 2.1　《数据资产框架（DAF）》的数据管理步骤

总体来讲，欧洲地区在数据开放及数据资产管理方面做得较好。欧盟建立了统一的开放数据门户网站，实现数据在欧盟各国之间的开放共享。我国也倡导建立统一的数据门户网站，全国统一的国家电子政务外网已初步建成，依托国家电子政务外网搭建的全国统一的国家数据共享交换平台已基本建成。考虑到不同开放数据平台之间的数据标准和互操作、数据兼容、数据服务，还需要借鉴欧洲成功的经验，推动全国统一数据共享交换平台的尽快落地应用，创造社会价值。

欧洲地区的政策和法规较完善，数据开放共享程度高，数据安全保护法规也最严格，但标准的建立和政策法规的制定相对比较落后，尤其是缺少与数据资产价值评估相关的指南与标准，这可能造成资产评估工作缺少规范性和可重复性。在执行数据资产评估工作前，应遵循标准先行的原则，建立标准与指南是非常有必要的。我国也需要在配套政策法规、指南和标准、执行程序等方面予以完善。

2.1.4　大洋洲地区

2.1.4.1　澳大利亚数据资产相关现状

2000 年，澳大利亚联邦政府（以下简称澳大利亚政府）实施"政府在线"（Government Online Directory）工程，2002 年 2 月实现"到 2001 年年底联邦部门、机构要将所适宜上互联网的服务全部搬上网"的目标。为了整合联邦、州和地方三级政府和部门的资源、提升网上服务能力，2002 年 11 月，澳大利亚联邦政府提出"更优的政府、更好的服务"的电子政务策略，以促进政府网站的资源整合。2004 年，澳大利亚政府门户网站上线，提供澳大利亚政府各个部门的链接及地方、社会组织等多个网站的链接，网站将资源按照资讯服务、政府、新闻与媒体等类别分类，为用户提供查询及"我的政府"等个性化服务，还建立了双向互动的政府与用户之间的反馈机制。为了提高民众对政府信息的访问便捷性，增强政府部门与普通民众之间的交流互动，自 2009 年开始，澳大利亚政府开始积极奉行开放数据的理念和践行开放政府的愿景和目标，建立了澳大利亚政府信息目录的开放数据平台，提供多种格式的数据下载和在线数据服务的链接，用户可以在该网站上搜索、浏览和利用各级政府的公共数据。

澳大利亚政府不断推动从数据开放到数据经济的政策体系的形成。2010 年 7 月发布的《开放政府宣言》促进了澳大利亚民众的民主参与度，推动了政府机构内部数据开放程度的不断加深。2011 年发布的《澳大利亚政府开放获取和授权框架》和《公共部门信息开放原则》作为规范和指导性的文件，为公共服务中的信息揭示和机构参与提供了切实可行的操作步骤，并为澳大利亚司法机构和其他组织提供了应遵循的指南。2011 年 7 月，澳大利亚总理和内阁部门发布《数字转型政策》，目标是使澳大利亚政府机构的工作重点转向数字信息和文件管理，以提高工作效率；分别对文件形成机构、国家档案馆、澳大利亚政府信息管理办公室提出了具体要求；意味着所有机构的文件将以数字化的形式产生、存储和管理，新生成纸质文件的数量将得到限制。2013 年 1 月，新的《开放获取政策》利用了澳大利亚各机构的知识库网络，同时避免了强制性"开放获取政策"要求的通过支付文章处理费，才能在"开放获取期刊"上发表论文而产生的潜在的高成本。2015 年 10 月，澳大利亚国家档案馆发布了《2020 年数字连续性政策》，这是一项完整的政府数字信息管理策略，是对《数字转型政策》的有力补充。该政策的目标是将强大的信息管理系统整合到政府业务过程中，以提升信息管理的效率、创新、互操作性、信息再利用和证明性价值。《2020 年数字连续性政策》提出三个原则：信息价值受到重视；信息管理数字化；信息、系统和加工程序可互操作。该政策自发布以来形成了一系列关键性的成果，包括最小化元数据标准、业务系统评估框架及年度的部门调查评估工具等。《2020 年数字连续性政策》有助于推动政府数字化转型，提高数据资产的有用性和可靠性。2015 年 12 月，《公共数据政策声明》发布，指出政府将开放更多的可用、免费、高质量、提供可用 API 的数据，政府部门积极跟私企和研究机构建立合作关系，共同挖掘开放数据的社会和经济价值，在开放数据的同时保护个人数据安全和隐私，保护国家安全和商业机密。澳大利亚于 1988 年颁布的《隐私权法》不断修订完善，为数字经济时代的规范化和个人权益提供法律保障，地方政府也制定了自身的数据隐私保护法，如昆士兰州的《信息隐私法（2009）》（2017年修订）、新南威尔士州的《隐私与个人信息保护法（1998）》。

澳大利亚将发展数字经济提升为国家战略，并开展对开放政府数据的价值评估。2015 年 10 月，澳大利亚国家档案馆发布的《2020 年数字连续性政策》为数字经济打下了坚实的基础。2018 年 12 月 19 日，澳大利亚工业、创新与科学部发布题为《澳大利亚技术未来——实现强大、安全和包容的数字经济》的战略报告，从四大领域、七个方面提出了澳大利亚大力发展数字经济需要采取的措施，包括：人力资本（技能、包容性）；服务（数字政府）；数字资产（数字基础设施、数据）；有利环境（网络安全、监管）。澳大利亚对开放政府数据的价值评估不仅关注空间数据、国家统计数据和水文数据等数据类型，还关注评估内容、方法和结果。例如，假设澳大利亚政府每年在空间数据上的支出约为 7000 万澳元，那么每年能获得约 2500 万澳元的净收益。为了支持澳大利亚地球科学部的工作，澳大利亚财政部委托各部门报告各自核心工作领域的经济价值，这些工作包括有关石油和矿产的地质信息的收集、处理等。2014 年，澳大利亚发布《面向企业的开放：开放数据如何帮助实现 G20 的发展目标》，关注开放政府数据及当前和潜在的经济价值，通过计算麦肯锡于 2013 发布的报告中有关澳大利亚的数据的比例，从而估计澳大利亚的经济规模。

综上所述，澳大利亚政府从数字基础设施建设、政策和规范（见表 2.9）等方面入手，构建了一系列完整的数字经济发展配套体系，来支持澳大利亚数字经济的发展。

表 2.9 澳大利亚数据资产相关的政策法规和标准

名 称	发 布 时 间	内 容
《隐私权法》及其修订法案	1988 年，后不断修订	主要目标：保护被澳大利亚政府机构占有的个人信息；实现对个人税务档案号码收集与使用的保护。主要内容：个人信息定义、基本原则、主要制度
《开放政府宣言》	2010 年 7 月	指出政府应通过持续性的技术创新，为民众更好地获取和使用政府信息提供支持
《公共部门信息开放原则》	2011 年 5 月	澳大利亚政府机构所拥有的信息是宝贵的国家资源；如没有法律保护需要，所有信息都应向公众开放获取；信息的发布可以提高公众的访问程度；

（续表）

名　　　称	发 布 时 间	内　　　容
《公共部门信息开放原则》	2011 年 5 月	政府机构应当积极地推动开放获取政策，利用信息技术传播公共部门的信息
《澳大利亚政府开放获取和授权框架》	2011 年 6 月	为澳大利亚政府及相关部门进行公共资助的信息和数据的开放获取提供支持和指导，对开放格式进行规范，减少其在发布公共信息时所产生的风险；将数据再利用的授权许可类型划分为四类，不同类型的政府数据可采用不同的授权模式与收费标准，进行差异化限制或鼓励
《数字转型政策》	2011 年 7 月	要求所有机构的文件以数字化的形式产生、存储和管理，新生成纸质文件的数量将得到限制；分别对文件形成机构、国家档案馆、澳大利亚政府信息管理办公室提出了具体要求
《开放获取政策》	2013 年 1 月	出版物元数据（期刊名、标题、作者列表、卷、期、页和类似的数据）必须在论文被出版物接收后尽快提交给机构知识库，不管论文本身何时（或者是否）能公开获取； 专著/期刊论文应该在发表后尽可能提交到机构知识库； 知识库管理者确保专著/期刊论文在遵守期刊版权转让协议的日期中可用； 如果版权转让或许可协议不允许论文（或专著）在出版后的 12 个月内可用，就需要在这个时间之后尽快可用； 如果期刊不允许论文可用，必须在提交的终期报告中说明； 机构可能希望使用公开可用的"holding note"解释版权或许可协议，阻止在具体时间前将特定论文纳入知识库
《隐私管理框架》	2015 年 5 月 3 日	协助私营和公共部门履行《澳大利亚隐私原则》中规定的隐私义务：在组织文化中加强隐私文化的培育；建立一个完善的隐私实践案例、程序和系统；评估隐私处理的有效性；提高隐私问题回应度
《2020 年数字连续性政策》	2015 年 10 月	基本原则：①信息价值受到重视，关注管理和人；②信息管理数字化，关注数字资产和进程；③信息、系统和加工程序都是互操作性的，关注元数据和标准
《公共数据政策声明》	2015 年 12 月	政府将开放更多的可用、免费、高质量、提供可用 API 的数据，其中包括一些非敏感数据、高价值数据、政府资助的研究数据； 政府部门积极跟私企和研究机构建立合作关系，共同挖掘开放数据的社会和经济价值； 在开放数据的同时保护个人数据安全和隐私，保护国家安全和商业机密

（续表）

名　　称	发 布 时 间	内　　　容
《澳大利亚技术未来——实现强大、安全和包容的数字经济》	2018 年 12 月 19 日	该战略报告从四大领域、七个方面提出了澳大利亚大力发展数字经济需要采取的措施，包括：人力资本（技能、包容性）；服务（数字政府）；数字资产（数字基础设施、数据）；有利环境（网络安全、监管）

2.1.4.2　大洋洲地区数据资产相关现状

大洋洲地区的数据资产和数字经济也是首先从开放政府数据开始的，澳大利亚和新西兰均在 2009 年开放了政府数据门户网站，且基础设施和政策法规都已经比较完善和成熟。大洋洲地区的开放政府数据门户重视公众与政府机构之间的沟通，建立了有利于双向互动的反馈机制，能够更好地了解公众的信息需求，更大程度地发挥数据价值。例如，在澳大利亚数据门户网站上，民众可以检索、下载数据，政府也可以通过邮箱向用户发送信息、通知等。

大洋洲地区在数据和隐私保护方面立法较早，新增法案较少，但比较注重法律的修订完善，以适应现状需求与发展趋势。新西兰在数据领域的法律制定时间早、法律体系健全，在信息公开、隐私权和著作权保护层面有全面的法律支持，这些法律是政务数据规范化及维护各方权益的主要支撑。

澳大利亚和新西兰非常重视数字经济的发展，为此形成了一系列配套政策和规范（见表 2.10）。对于数据资产的审查与发布流程、数据格式要求、数据使用费用等都有详细的说明和具体的文件指导。例如，新西兰政府倡导利用数据网站发布高质量的开放数据，推动经济、社会、文化及教育等全方位发展。新西兰的《开放和透明政府声明》明确提出，所有公共服务部门应承诺要积极披露高价值公共数据以促进数据再利用。《政府信息和通信技术战略与行动计划 2017》将信息资产管理作为重点工作，将"释放政府信息的价值"列为目标之一。《高价值公共数据重用的优先级与开放：流程与指南》则是新西兰国内事务部对数据公开过程的规定及标准。新西兰政府数据管理标准从数据的生成到运转及最终保存或销毁的各个方面规定了确保数据真实、完整、安全、可利用的具体执行方法。

表 2.10　大洋洲地区数据资产相关的政策法规和标准

国　　家	政　策　法　规	相　关　标　准	应　用　实　践
澳大利亚	《开放政府宣言》 《公共部门信息开放原则》 《数字转型政策》 《开放获取政策》 《2020 年数字连续性政策》 《公共数据政策声明》 《澳大利亚技术未来——实现强大、安全和包容的数字经济》 《隐私权法》及其修订法案 《隐私管理框架》 《信息自由法》 《档案法》 《电信传输法》	《澳大利亚政府开放获取和授权框架》 《澳大利亚政府定位服务元数据标准》 《新南威尔士州基础设施数据管理框架（IDMF）》 《新南威尔士大学数据分类标准》	政府数据门户；澳大利亚多机构数据集成项目
新西兰	《政府持有信息政策框架》 《新西兰政府数据管理政策与标准》 《新西兰地理空间战略》 《数字战略 2.0》 《国家健康 IT 计划》 《开放和透明政府声明》 《新西兰数据和信息管理原则》 《政府信息和通信技术战略 2015》 《政府信息和通信技术战略与行动计划 2017》 《新西兰政府开放获取及许可框架》 《官方信息法案》 《隐私权法案》 《版权法案》 《公共记录法案》	《高价值公共数据重用的优先级与开放：流程与指南》 《新西兰政府数据管理政策与标准》 《新西兰统计部数据管理与开放实践指南》 《新西兰统计部机密性指南》 《新西兰统计部元数据与文档指南》 《新西兰统计部数据开放实践指南》 《电子表格或 CSV：开放数据管理者指南》	政府数据门户

　　新西兰政府明确指出，政府数据开放与利用必须符合《开放和透明政府声明》《新西兰数据和信息管理原则》《新西兰政府开放获取及许可框架》这三个文件的要求，其内容覆盖了数据开放的基本原则、范围、流程、格式、许可协议、获取成本等方面，并针对机构、地方政府、公众等不同对象有详细的数据开放指导或政策使用指南。

2.1.5　亚洲地区

2.1.5.1　日本数据资产相关现状

日本政府数据开放与欧美发达国家相比起步较晚，但发展较快。虽然 2011 年的"3·11"地震灾害才真正使日本政府开始重视数据开放的重要作用，但后续经过一系列政策和行动计划的推动，日本在数据资产及其管理等方面走在了亚洲各国的前列。

日本的大数据战略较为务实，以应用开发为主。日本政府提出"提升日本竞争力，大数据应用不可或缺"，尤其是在和能源、交通、医疗、农业等传统行业结合方面，日本大数据应用都是可圈可点的。2013 年 6 月，日本正式公布了新 IT 战略——《创建世界尖端 IT 国家宣言》，全面阐述了 2013—2020 年以发展开放公共数据和大数据为核心的日本新 IT 国家战略，提出要把日本建设成为一个具有世界最高水准的、广泛运用信息产业技术的社会。在日本政府公开的大数据战略方向中，关键包括以下几个部分。

（1）开放数据。2012 年 6 月，日本 IT 战略本部发布《电子政务开放数据战略草案》迈出了政府数据公开的关键性一步。《电子政务开放数据草案》启动后，国民可浏览中央各部委和地方省厅公开数据的网站。为了确保国民方便地获得行政信息，政府将利用信息公开方式标准化技术实现统计信息、测量信息、灾害信息等公共信息的公开，在紧急情况下可以较小的网络流量向手机用户提供信息，并尽快在网络上实现行政信息全部公开并可被重复使用，以进一步推进开放政府的建设进程。2013 年 7 月 27 日，日本三菱综合研究所牵头成立了"开放数据流通推进联盟"，旨在由产、官、学联合，促进日本公共数据的开放应用。

（2）数据流通。与亚洲其他国家类似，日本在个人信息保护法等法律基础设施建设方面也落后于欧美国家。实际上，不仅日本行政部门对于公开信息持消极的态度，企业在如何对个人信息进行保护方面的动力也不足。日本大数据产业发展中，如何处理隐私和信息保护的问题已经很关键，修改和进一步完善个人信息保护法规也已经被提上日程。日本政府内阁提出，在进一步充分利用匿名化技术，并制定合理运用大数据规则的前提下，应当修改日本个人信息保护法。2013 年，日本 IT 综合战略也提出，尽快建立跨政府部门的信息检索网站，以便企业利用政府的大量信息资源，并计划到 2015 年年底达到与其他发达国家同等的信息开放程度。关于个人信息、保护隐私等

问题，日本政府针对法律措施的必要性等展开了研究，并在 2017 年施行了新版《个人信息保护法》。

（3）创新应用。2012 年 7 月，日本总务省 ICT 基本战略委员会发布了《面向 2020 年的 ICT 综合战略》，提出"活跃在 ICT 领域的日本"的目标。《面向 2020 年的 ICT 综合战略》重点关注大数据应用所需的社会化媒体等智能技术开发、传统产业 IT 创新、新医疗技术开发、缓解交通拥堵等公共领域应用等。例如，通过 IT 技术实现农业及其周边相关产业的高水平化，使农业经营体共享经过积累并分析的农业现场的相关数据及新技术；构筑医疗信息网络，根据门诊数据及处方笺，确立地区和企业的国民健康管理对策；对社会基础设施进行维护管理，通过传感器的远程监控，在 2020 年前实现对全国 20%的重要基础设施实施检修；改革国家及地方的行政信息系统，2021 年之前，原则上将所有的政府信息系统云计算化，减少 30%的运行成本。

在亚洲地区，日本的数据保护法建立较早且比较全面，与澳洲相似，日本重视对法律的修订，以提升法律的适用性。例如，《行政机关信息公开法》自 2003 年起共经历了 10 余次修订。日本的《个人信息保护法》自 2005 年 4 月 1 日起施行，于 2015 年进行了大幅修订，修订版于 2017 年 5 月 30 日起施行。《个人信息保护法》体系如下：①总则，规定了基本理念、国家及地方公共团体的职责和个人信息保护的规则等；②规定了个人信息处理业者的义务等；③关于个人信息保护委员会的设置及业务内容；④关于个人信息处理业者的义务；⑤杂则；⑥罚则。通过立法确保数据资产利用与管理的相关政策和措施能够有效落实（见表 2.11）。

表 2.11　日本数据资产相关的政策法规和标准

名　称	发布时间	内　容
《创建世界尖端 IT 国家宣言》	2013 年 6 月	全面阐述了 2013—2020 年以发展开放公共数据和大数据为核心的日本新 IT 国家战略，提出要把日本建设成为一个具有"世界最高水准的、广泛运用信息产业技术的社会"
《面向 2020 年的 ICT 综合战略》	2012 年 7 月	提出目标："活跃在 ICT 领域的日本"。将重点关注大数据应用所需的社会化媒体等智能技术开发、传统产业 IT 创新、新医疗技术开发、缓解交通拥堵等公共领域应用
《政府开放数据战略》	2012 年 7 月	要求政府部门以便于二次利用的数据形式公开数据，同时兼顾商业利用，消除公共数据在商业利用中的障碍

（续表）

名　　称	发布时间	内　　容
《促进地方政府数据开放纲领》	2015 年 2 月	对地方政府数据开放的方式和措施、如何开展组织内外合作等做出了指导
《推进官民数据利用基本法》	2016 年 12 月	这是日本首部专门针对数据利用的法律。详细规定了中央政府、地方政府和其他社会组织在推进数据利用方面的义务，设立了官民数据利用发展战略合作机关
《开放数据基本指南》	2017 年 5 月	归纳了开放数据建设的基本方针，是日本政府开放数据的总指导文件
《行政机关信息公开法》	1999 年发布，2016 年修订	规定公民享有请求公示权，明确了请求公示的步骤、费用、行政机关的回复期限，以及遇到不予公开文件时的处理办法等
《个人信息保护法》	2005 年 4 月 1 日施行，2015 年修订后于 2017 年 5 月 30 日起施行	体系如下：①总则，规定了基本理念、国家及地方公共团体的职责和个人信息保护的措施等；②规定了个人信息处理业者的义务等；③关于个人信息保护委员会的设置及业务内容；④关于个人信息处理业者的义务；⑤杂则；⑥罚则

　　日本利用大数据为社会创造了巨大的经济效益。矢野经济研究所的报告显示，2011 年日本的大数据相关行业的市场规模为 1900 亿日元，2012 年约为 2000 亿日元，同比大约增长 5%，到 2013 年以后，每年将增长 20%。日本总务省在 2013 年版《信息通信白皮书》中估算，如果充分利用记录个人购物数据等庞大数据的"大数据"服务，零售业、制造业等四个领域有望通过促进销售和削减成本带来每年 7.77 万亿日元（约合人民币 4800 亿元）的经济效益。《信息通信白皮书》指出，显示大数据交换量的"国内流通量"在 2005—2012 年的 7 年间猛增了 4.5 倍。

　　与其他地区和国家显著不同的是，日本注重大数据和数据资产的应用，通过数据应用创造社会价值和商业价值。日立、松下、富士通、丰田等日本科技和制造企业鉴于多年的积累和优势，对于大数据应用的创新和开发走在全球前列。在智慧城市基础设施方面，日立和东芝在能源管理、智能家庭、交通安全等方面都有很多成功的实践；对于智能交通、车联网等方面，本田、丰田等日系汽车巨头也都投入了很大精力。以下是大数据应用实践案例。

1．日立制作所——发展指导大数据利用方式的服务项目

从 2012 年 6 月起，日立向用户企业提供"Data Analytics Meister Service"，包括："构建活用大数据的企业形象""选定活用大数据实施方案""具体运用验证及安装工作"等服务，为不同的用户企业提供最适合的系统分析方式及活用大数据的具体实施方案，帮助企业创造出新的商业价值。

2．NEC——活用脸部数据，以增加产品销售额

日本电气株式会社（NEC）通过独自开发的脸部验证技术"Neo-Face"，提供"活用脸部验证技术营销服务"，通过设置于店铺内的摄像机所拍摄的顾客脸部数据，可自动识别顾客的年龄、性别及来店经历。它可推算出不同年龄段来店者状况和回头率，分析两者同销售额的关系等，以便采取相应措施增加销售额。用户企业无须自行购置该系统，只需要缴纳每月 7 万日元的设备使用费，即可使用该项服务。

3．电通——提供位置信息分析服务"Draffic"

日本电通公司利用 GPS 系统收集 70 万人的位置信息，开发出位置信息服务"Draffic"，实现人群流动可视化。通过这项服务，日本电通公司不仅可以获得持有 NTT DoCoMo 内置 GPS 系统的部分手机和智能手机用户的现在及 3 年期间的移动情况，而且可以指定具体日期分析手机用户的移动情况。由于"Draffic"可把检测区域缩小到边长为 50 米的正方形内（2500 平方米），因此它可以更确切地分析顾客在商业设施或商场的流动状况，比如来店的人来自何处又将去何处及其人数等。

4．富山大学附属医院——提供"处方知识"和"输入支援功能"

富山大学附属医院在最近 9 年间共积累了 1700 万例病例记录、1000 万个客户、1 亿 4300 万件用药处方及 300 万例病名。富山大学附属医院以这些数据作为基础，实时地提供"处方知识"和"输入支援功能"。"处方知识"可根据患者的具体症状与病情，协助医师分析出最佳药物处方方案。而"输入支援功能"则可将输入的单词和文章的候选，通过下拉菜单进行多项提示，可帮助医师提高电子病历的输入作业效率。

5．丰田汽车——采集实时交通数据为政府和企业服务

丰田汽车通过采集行驶在道路上车辆的实时交通信息，提供针对本地政府和企业的大数据服务，并在灾难发生的时候对驾驶员起到帮助作用。该项服务已经可以自动收集日本国内路面驾驶的约 70 万辆丰田汽车的数据，经过数据处理之后为丰田的客户提供服务。

2.1.5.2　亚洲地区数据资产相关现状

亚洲国家的数据开放起步较晚，但发展较快。亚洲地区在数据资产领域发展排名前列的国家有日本和新加坡等。日本和新加坡两国政府在数据资产管理和应用中起到关键性的作用，积极推动利用数据创造社会价值，注重利用大数据推动智慧城市建设。例如，早在 2006 年，新加坡就推出了"智能城市 2015"发展蓝图，并于 2014 年将该发展蓝图升级为"智慧国家 2025"计划，计划用接下来的十年将新加坡建设成为智慧国度。"智慧国家 2025"计划充分意识到了未来"大数据"的重要性，未来十年将侧重大数据的收集、处理和分析应用，也就意味着新加坡将成为利用"大数据治国"的国家。新加坡土地管理局研发的电子地图（OneMap），为基于位置的服务（LBS）的企业提供了开放数据平台；新加坡陆路交通管理局则通过开放新加坡交通数据，鼓励企业其至个人开发提升公共交通效率的应用软件；新加坡环境局通过掌握不同地区环境的数据，为社会提供气象、环境和疾病暴发等的信息服务。

在指导性和规范性文件方面，日本有《开放数据基本指南》，新加坡有《个人数据保护法令》等（见表 2.12），但关于数据资产管理和评估的标准很少或几乎没有，这是相比北美、欧洲和大洋洲地区，有所欠缺和不足的地方。

表 2.12　亚洲地区数据资产相关法规和标准

国　　家	政　策　法　规	相　关　标　准	应　用　实　践
日本	《创建世界尖端 IT 国家宣言》 《面向 2020 年的 ICT 综合战略》 《政府开放数据战略》 《电子政务开放数据战略》 《开放数据行动规划》 《数字政府实施计划》 《促进地方政府数据开放纲领》 《推进官民数据利用基本法》 《著作权法》 《行政机关信息公开法》 《个人信息保护法》	《开放数据基本指南》	新加坡政府开放数据门户网站； 企业大数据应用与服务等
新加坡	"智能城市 2015"发展蓝图； "智慧国家 2025"计划； 《个人数据保护法令》； 《个人数据保护规例》	《关于国民身份证及其他类别国民身份号码的(个人数据保护法令)咨询指南》	新加坡政府开放数据门户网站

从亚洲地区（尤其是日本和新加坡两个国家）的数据开放、管理与应用来讲，数据资产在不同行业的应用实践非常广泛，技术对社会的渗透力很强并且产生了积极的影响，可以最大限度地利用数据服务社会。这是值得我国借鉴的地方，我们可以在实践与探索中，推动政策法规和指南标准的不断完善。

从国外总体情况来看，北美地区、欧洲地区和大洋洲地区开放数据及数据资产起步早，而且有非常健全的政策法规体系，也有相关指南和标准指导数据共享和管理的具体实践。其中，美国最早于 2013 年在《开放数据政策——将数据当作资产管理备忘录》中明确提出将数据作为资产进行管理，并建立了具有实操性的数据资产积分系统；欧洲地区在数据保护上最严格，颁布的法规涉及面广泛；大洋洲地区注重数字经济发展，国家战略直接与数字经济相关；亚洲地区起步较晚，但发展较快，日本、新加坡尤其注重"大数据治国"，利用数据资产创造社会价值。国外不同地区的数据资产化在政策战略、法规标准上有许多值得我国借鉴的地方。

2.2　国内现状

2.2.1　国家战略

2.2.1.1　国家战略性资源

2015 年至今，我国先后出台了一系列文件，从政策、技术等方面为数据资产的发展提供保障，包括《国务院关于积极推进"互联网+"行动的指导意见》《国家信息化发展战略纲要》《关于构建更加完善的要素市场化配置体制机制的意见》等重要政策战略。

大数据是与自然资源、人力资源一样重要的战略资源。2015 年 8 月 19 日，李克强总理主持召开国务院常务会议，通过了《关于促进大数据发展的行动纲要》，并对大数据发展提出要求，其核心关键为两点：①大数据是国家"基础性战略资源"；②加快政府数据开放共享，推动资源整合，提升治理能力。2015 年 9 月，国家发展改革委有关负责人就《促进大数据发展行动纲要》答记者问中明确指出，推动我国政府数据开放共享仍存在"法规制度不完善，缺乏统一数据标准等问题，尤其是数据开放程度较低，存在着'不愿开放、不敢开放、不会开放'数据的问题"。因此，我国政府尽快制定数据开放指导框架与标准体系是严格把控开放数据的质量、优化数据利用环境的重要一环，在数据开放时应从数据的再利用角度着重对数据开放的类型与范围做出指示，关注元数据标准、数据的适用格式、数据发布的程序与平台等技术相关问题，为数据实现最广泛、最深度的使用与再利用提供保障。2015年 10 月，党的十八届五中全会正式提出"实施国家大数据战略，推进数据资源开放共享"。

习近平总书记明确指出要大力推动数据经济，拓展经济发展新空间。2016 年，中国作为二十国集团（G20）主席国，首次将"数字经济"列为G20 创新增长蓝图中的一项重要议题，峰会通过《G20 数字经济发展与合作倡议》，为世界经济创新发展注入新动力。党的十九大报告提出，要"推动互联网、大数据、人工智能和实体经济深度融合。"李克强总理在 2018 年政府工作报告中，也多处提到数字经济相关内容，进一步突出了大数据作为国家基础性战略性资源的重要地位。

数据已成为新的生产要素。党的十九届四中全会提出，将数据与资本、土地、知识、技术和管理并列作为可参与分配的生产要素，反映了随着经济活动数字化转型加快，数据对提高生产效率的乘数作用凸显，成为最具时代特征新生产要素的重要变化。2020 年 3 月 30 日，国务院发布《关于构建更加完善的要素市场化配置体制机制的意见》，总共包括九个方面三十二条意见，其中第六方面内容为"加快培育数据要素市场"，包括"推进政府数据开放共享、提升社会数据资源价值、加强数据资源整合和安全保护"，并提出具体要求。同时，指出要建立健全数据产权交易和行业自律机制，引导培育大数据交易市场，依法合规开展数据交易。

国家倡导构建数据资产价值评估体系。2020 年 4 月 28 日，工业和信息化部形成《关于工业大数据发展的指导意见》，提出要加快数据汇聚、推动数据共享、深化数据应用、完善数据治理、强化数据安全、促进产业发展、加强组织保障等意见，并明确指出要引导和规范公共数据资源开放流动，提高数据资源价值创造的水平，构建工业大数据资产价值评估体系。由此可见，迫切需要建立数据资产价值评估体系，对数据资产价值开展量化评估，以促进有价值的数据流通共享，进一步挖掘和创造更高的社会价值。

2.2.1.2 国际交流与合作

在国内，基于数据经济或区域治理的研究和国际交流正在日益深入。2019 年 4 月 26 日，亚洲数据中心先进技术大会在深圳举行。2019 年 9 月，2019 世界数字经济大会暨第九届中国智慧城市与智能经济博览会在宁波举行，本届大会以"数字驱动，智能发展"为主题，聚焦数字经济和新型智慧城市两大领域，打造数字经济发展的高端思想盛宴、科技盛会、产业盛事和民生盛典，推动数字经济高质量发展，为经济发展注入新动能。2020 年 4 月，中国电信东盟国际信息园数据中心项目在广西钦州开建，总投资 25 亿元。2018 年和 2019 年的世界互联网大会均在浙江乌镇召开，其中 2019 年的大会吸引了 1500 多位国内外嘉宾参加及 10 万人次参观。2019 中国国际大数据产业博览会（以下简称数博会）于 2019 年 5 月 26—29 日在贵阳召开，参展企业达到 448 家，其中境外企业达到 156 家，并有 30 个"一带一路"沿线国家和地区参与其中。在区域合作方面，数字丝绸之路正在从理念转化为行动，从愿景转变为现实，越来越多的"一带一路"沿线国家开始通过共建数字丝绸之路，在网络基础设施、网络安全、先进制造、国际贸易、金融、医疗、教育等更多领域加深大数据应用合作，共享数字化经济成果。

2.2.1.3 信息网络与国家安全

信息网络系统的飞速发展是加快经济全球化趋势的技术诱因，信息网络系统的安全与经济运行的安全体系相关。目前，国际互联网络发展迅猛，中央网信办在 2021 年 2 月发布的第 47 次《中国互联网络发展状况统计报告》显示，全球已有 46.6 亿名网民（2021 年 1 月），我国已有 9.89 亿名网民（2020 年 12 月），上网人数超过美国，中国人每天平均上网 5 小时 22 分，列全球第一位。互联网已越来越广泛地应用于社会生活的各个方面，其中包括国际间的间谍情报活动，从而成为关系国家主权、军事、经济和金融等安全的特殊战场。

2018 年 5 月 27 日，国家信息中心国信卫士网络空间安全研究院联合贵阳大数据交易所等机构，共同成立数据资产安全应用研究中心。以数据资产为研究对象，促进成果转化，开展多样化合作，加快释放数字红利，为中国数据资产安全应用保驾护航。然而，随着数据资产值的释放，数据黑市、灰色交易等事件也随之出现，数据安全事件造成的影响越来越严重，已逐渐深入扩展到国家政治、经济、民生不同层面，涉及国家关键信息基础设施、商业系统乃至个人生命等各个方面，因而数据安全相较于传统安全更加多元、复杂、不确定，对国家的数据生态治理水平和安全治理能力提出了全新挑战。

在国家战略方面，与国外相比，我国数据领域的国家政策颁布时间较晚，从 2015 年国家才开始明确指出发展大数据，之后几年我国紧跟国际形势和数据资产发展路径，在较短的时间内，从开放数据到数据资产陆续发布了一系列国家政策。不过，中国在数据资产评估方面还处于起步阶段，在推动数据资产评估指标体系的建立方面，目前仅有工业和信息化部针对工业大数据提出"构建工业大数据资产价值评估体系"的意见，其他行业和领域，还没有相关的明文政策出台。因此，在国家政策上，我国应倡导制定数据资产价值评估的规范性文件，如指南和标准，以助力推动数据资产规范化管理、流通和评估。

我国现有的政策多为纲要和意见类文件，如《国家信息化发展战略纲要》《关于促进大数据发展的行动纲要》《关于工业大数据发展的指导意见》等，其中提到了要促进数据开放共享、提高数据价值并倡导构建数据资产价值评估体系，但还缺少具体的行动计划。国外在制定数据资产战略路线与行动计划上的优势值得我们借鉴，如美国的《联邦数据战略与 2020 年行动计划》，加拿大的《开放政府合作伙伴的第三次两年计划（2016—2018）》和《国家数据战略路线图》，英国每三年一次的《开放政府国家行动计划》，新西兰的《政府信息和通信技术战略与行动计划 2017》，以及日本的《面向 2020 年的 ICT 综合战略》等。

2.2.2　理论研究

国内目前对于数据资产的理论研究也正在逐步展开。从中国知网（CNKI）上对关键字"数据资产"进行文献检索（学术期刊、学位论文、图书、学术辑刊）共获得 670 篇文献，从中选择引用数最高的 100 篇文献，对其发表年份、发表单位和关键字进行可视化分析。可以发现，在发表年份上，从 2012 年的 21 篇开始快速增长，在 2017 年超过 100 篇（见图 2.2）；从研究机构来看，发表超过 5 篇论文的机构包括国家电网公司、中国人民大学、北京邮电大学、安徽南瑞继远软件有限公司、浙江省电力公司、北京交通大学和中国信息通信研究院（见图 2.3）；从关键字的贡献分析来看，以"数据资产"和"大数据"为中心，涉及"大数据时代""数据价值""数据处理""数据治理""资产管理"等多个研究领域（见图 2.4），在行业应用方面，可以看出"电网"方面的应用居多。

目前，国内在数据资产管理方面，中国信息通信研究院推出了数据资产管理框架，全国信息技术标准化技术委员会也提出了数据能力成熟度评价模型（DCMM）。数据资产管理框架 4.0 包含八个管理职能和五个保障措施，描述了数据资产管理的主要管理职能和保障措施。其中，八个管理职能为数据标准管理、数据模型管理、元数据管理、主数据管理、数据质量管理、数据安全管理、数据价值管理及数据共享管理，五个保障措施为战略规划、组织架

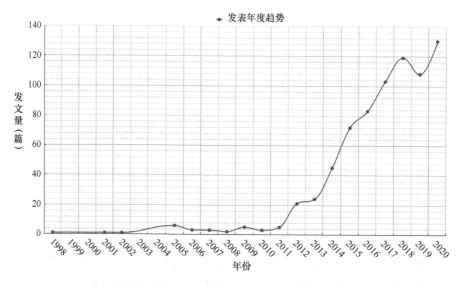

图 2.2　关键字为"数据资产"的论文发表年份情况

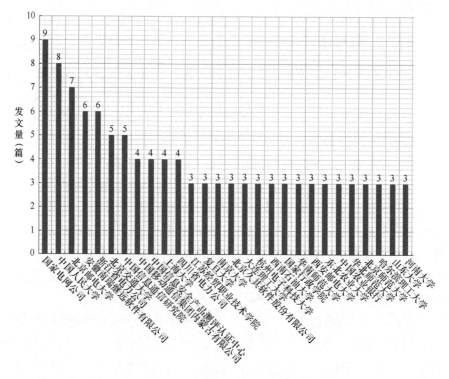

图 2.3　关键字为"数据资产"的论文发表机构情况

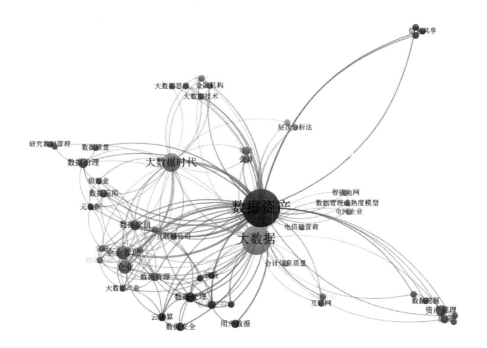

图 2.4　关键字为"数据资产"的论文的共现关键字情况

构、制度体系、审计制度和培训宣贯。GB/T 36073—2018《数据管理能力成熟度评估模型》（*Data Capability Maturity Model*，DCMM）的制定，由北京大学、中国人民大学、清华大学、建设银行、光大银行、华为、阿里云等单位共同完成。该模型在制定过程中充分吸取了国内先进行业的发展经验（以金融业为主），并结合了国际上 DAMA（国际数据管理协会）《数据管理知识体系指南（DMBOK）》中的内容。DCMM 结合数据生命周期管理各个阶段的特征，对数据管理能力进行了分析、总结，提炼出组织数据管理的八大能力，定义了数据能力成熟度评价的八大能力域：数据战略、数据治理、数据架构、数据标准、数据质量、数据安全、数据应用、数据生命周期管理。同时，DCMM 参考了 DAMA 发布的 DMBOK 中的先进经验和方法，并结合了国内数据管理整体的水平和现状，是国内企业进行数据管理的一个参照型标准。该标准的发布对于规范行业数据的管理、促进数据产业的发展有着重要的意义。

　　综上所述，从发表论文情况来看，我国对于数据资产的理论研究起步较晚，且所覆盖的组织尚不全面。从数据资产管理相关理论来看，我国已经借鉴国外经验，发布了自己的数据资产管理框架和数据管理能力成熟度评估模型。不过目前关于数据资产的研究，更多的是集中在数据资产的管理、挖掘与应用上，缺乏对数据资产的估值研究。在数据资产评估方面，目前我国还缺少贯通性的理论支撑，尚未形成一套完善的数据资产价值评估理论体系，用于支持像美国的数据资产积分系统一样的评估平台，也还没有像澳大利亚一样为开展数据经济而建立一套数据资产价值评估的方法理论。因此，随着我国数据资产管理和流通活动的开展，数据资产评估相关理论有待进一步发展，不仅要学习国外先进的理论知识，也要注重我国的实际情况，分阶段、有步骤地推动数据资产评估的理论建设。

2.2.3 相关标准

我国在数据开放、管理和流通方面发布了一些国家标准、行业标准规范和地方标准规范（见表 2.13）。

表 2.13 我国数据资产相关标准

名　　称	发布时间	内　　容
《电子政务标准化指南》（国家标准）	2014 年 6 月 24 日	包括总则、工程管理、网络建设、信息共享、支撑技术和信息安全六个部分
《统计数据和元数据交换标准（SDMX）》（行业标准）	2014 年 8 月 28 日	主要适用于金融统计中数据和元数据的交换和共享，描述了统计人员在采集、处理和交换统计信息时所使用的统计概念和方法，规定了对外披露统计信息时统计数据的机构范围、地理区域、存流量性质、时间属性、频度及文件格式等内容
《政府数据 数据脱敏工作指南》（地方标准）	2016 年 9 月 28 日	提出数据脱敏原则和常用方法，明确了数据脱敏规程和数据脱敏工作流程中的具体关注事项
《证券公司全面风险管理规范》	2016 年 12 月	明确指出证券公司应当建立健全数据治理和质量控制机制
《大数据安全标准化白皮书》	2017 年 4 月 8 日	提出从基础标准、平台和技术、数据安全、服务安全、行业应用五个方面构建大数据安全标准体系框架，规划设置了我国的大数据安全标准体系的工作路线
《无形资产分类与代码》（国家标准）	2017 年 12 月 29 日	规定了无形资产的分类原则、编码方法、代码及计量单位，适用于无形资产管理、清查、登记、统计等工作
《银行业金融机构数据治理指引》	2018 年 5 月	要求银行业应该将数据治理纳入公司治理范畴
《国家健康医疗大数据标准、安全和服务管理办法(试行)的通知》	2018 年 9 月	要求充分发挥健康医疗大数据作为国家重要基础性战略资源的作用

（续表）

名　　称	发布时间	内　　容
数据开放和共享系列地方标准	2018 年	包括《政务信息资源标识编码规范》《电子政务数据资源开放数据技术规范》《电子政务数据资源开放数据管理规范》三个地方标准；致力于构建大数据产业标准体系，推进开放政府数据的采集、管理、共享、交易等标准规范的制定和实施，制定大数据相关地方标准，并支持其上升为国家标准
《电子商务数据资产评价指标体系》（国家标准）	2019 年 6 月 4 日	给出了数据资产评价指标体系构建的原则、指标分类、指标体系和评价过程，适用于在数据的电子商务交换过程中，对数据资产价值进行量化计算和评估评价
《面向公有云服务的文件数据安全标记规范》（行业标准）	2019 年 8 月 27 日	适用于公有云服务的文件数据安全标记的表示、生成、使用和管理，主要适用于公有云服务的文件数据流动的审计和监管所需的标记的表示、生成、使用和管理
《信息安全技术——大数据安全管理指南》（国家标准）	2019 年 8 月 30 日	明确了大数据安全管理基本原则、大数据安全需求、数据分类分级、大数据活动及安全要求、大数据安全风险评估等内容
《信息安全技术　数据交易服务安全要求》（国家标准）	2019 年 8 月 30 日	提出了数据交易服务参考框架和数据交易安全原则，明确了数据交易参与方安全、交易对象安全、数据交易过程安全等方面的具体要求
《资产评估专家指引第 9 号——数据资产评估》	2019 年 12 月 31 日	包括引言、评估对象、数据资产的评估方法、数据资产评估报告的编制共 4 章 33 条
《信息技术　大数据　政务数据开放共享　第 1 部分：总则》（国家标准）	2020 年 4 月 28 日	整个标准共包含总则、基本要求、开放程度评价三个部分，其中总则规定了政务数据开放共享的相关术语和定义、概述、系统参考架构和总体要求；适用于参与或实施政府数据开放共享的机构从事开放共享工程规划、建设、验收和运营等活动，为政府机构制定政务数据开放共享策略的实施提供支持

其中，国家标准有《信息技术　大数据　政务数据开放共享　第 1 部分：总则》（GB/T 38664.1—2020）、《信息安全技术　数据交易服务安全要求》（GB/T 37932—2019）及《无形资产分类与代码》（GB/T 35416—2017）等标准，从数据共享、数据管理和数据安全方面给出了规范性要求。

在行业层面，金融行业对数据资产的管理工作起步早、重视程度高。2016年 12 月，中国证券业协会发布了《证券公司全面风险管理规范》，其中明确指出证券公司应当建立健全数据治理和质量控制机制；2018 年 5 月，银监会发布《银行业金融机构数据治理指引》，要求银行业应该将数据治理纳入公司治理范畴。在医疗行业，2018年9月，国家卫生健康委员会印发《国家健康医疗大数据标准、安全和服务管理办法（试行）的通知》，充分发挥健康医疗大数据作为国家重要基础性战略资源的作用。另外，《统计数据和元数据交换标准（SDMX）》规范了我国金融统计信息的处理、交换和对外发布流程，对于促进监管部门、金融机构等相关部门间的互联互通、信息共享，满足金融综合统计的需要，充分发挥金融统计信息在国家宏观调控和科学决策中的作用具有重要意义。

在地方标准规范方面，广东省经济和信息化委支持编制了我国的数据开放和共享系列地方标准，具体包括《政务信息资源标识编码规范》（DB44/T 2109—2018）、《电子政务数据资源开放数据技术规范》（DB44/T 2110—2018）和《电子政务数据资源开放数据管理规范》（DB44/T 2111—2018）三个地方标准。其中，《政务信息资源标识编码规范》规范了政务信息资源的信息分类编码原则和方法、分类编码、标识符、提供方代码、标识符管理等内容；《电子政务数据资源开放数据技术规范》规范了电子政务数据资源开放数据的分类组织方式、元数据、数据格式、版权声明、数据使用策略、数据更新及数据质量要求等内容；《电子政务数据资源开放数据管理规范》规范了政务数据资源开放数据管理的角色与职责、管理过程、政务数据资源开放内容、数据开放各环节的管理要求等内容。该系列地方标准对进一步打造完善政务信息资源开放共享体系，推进政务数据资源统一汇聚和集中开放有重要指导作用。

在数据资产评估方面，我国虽然起步较晚，但是已经出台了国家标准和指引性文件：《电子商务数据资产评价指标体系》（GB/T 37550—2019）和《资产评估专家指引第9号——数据资产评估》。

2019年6月4日，国家标准《电子商务数据资产评价指标体系》（GB/T 37550—2019）正式发布，该标准是我国数据资产领域首个国家标准。该标准给出了数据资产评价指标体系构建的原则、指标分类、指标体系和评价过程，适用于在数据的电子商务交易过程中，对数据资产价值进行量化计算和评估评价。《电子商务数据资产评价指标体系》包括一级指标、二级指标、三级指标、指标项说明等内容。其中，一级指标包括数据资产成本价值和数据资产标的价值指标。数据资产成本价值一级指标包括建设成本、运维成本、管理成本等二级指标，每项二级指标又包括若干三级指标。数据资产标的价值一级指标包括数据形式、数据内容、数据绩效等二级指标，每项二级指标又包括若干三级指标（见图 2.5）。

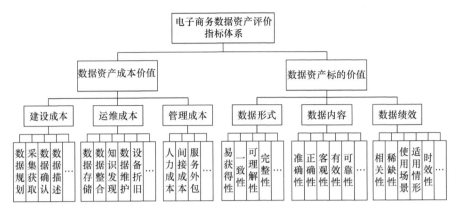

图 2.5　《电子商务数据资产评价指标体系》框架结构

2019 年 12 月 31 日，为指导资产评估机构及其资产评估专业人员执行数据资产评估业务，中国资产评估协会制定了《资产评估专家指引第 9 号——数据资产评估》，对开展数据资产评估工作具有很大的实用和参考价值。该文件包括引言、评估对象、数据资产的评估方法、数据资产评估报告的编制共 4 章 33 条。数据资产可以按照数据应用所在的行业进行划分，不同行业的数据资产具有不同的特征，这些特征可能会对数据资产的价值产生较大的影响。数据资产价值的评估方法包括成本法、收益法和市场法三种基本方法及其衍生方法。

综上所述，我国在数据资产的开放、管理、流通和评估方面已经颁布了一些国家、行业或地方性的标准规范，尤其是行业领域，如金融行业，在开展数据治理的过程中，比较注重数据标准的制定，这对数据资产的共享、管理、流通和评估有一定的指导作用。不过在数据资产评估方面，现有的标准仅针对电子商务领域，还没有普适性的数据资产评估标准体系。2020年 4 月 28 日，工业和信息化部提出构建工业数据资产价值评估指标体系，但其他行业和领域还未有这样的政策推动。另外，虽然我国已有数据资产评估指引，但并不是标准性文件，而只是一种专家建议和指引。与国外相比，北美地区已有数据资产评估指标体系与评估系统（美国的数据资产积分系统）。中国目前还缺少这样的规范性和标准性的指标体系，也没有建立具有实操性的数据资产评估系统。因此，亟须建立标准与指南来指导数据资产评估工作。

2.2.4　法律法规

2003 年,国务院信息化办公室已经开始展开个人信息保护法立法研究工作,并于 2005 年形成专家意见稿。2016 年 11 月 7 日,十二届全国人大常委会第二十四次会议表决通过了《中华人民共和国网络安全法》(以下简称《网络安全法》),并于 2018 年 1 月正式实施。《网络安全法》第三十七条规定:"关键信息基础设施的运营者在中华人民共和国境内运营中收集和产生的个人信息和重要数据应当在境内存储。因业务需要,确需向境外提供的,应当按照国家网信部门会同国务院有关部门制定的办法进行安全评估"。《网络安全法》对个人信息保护做出规定,明确了对个人信息收集、使用及保护的要求,并规定了个人对其自身信息进行更正或删除的权利。2017 年 12 月 29 日,全国信息安全标准化技术委员会正式发布《信息安全技术个人信息安全规范》,从信息权利保护的角度全面规定了公民个人信息的收集、保存、使用、委托处理、共享、转让、公开披露及个人信息安全的处置等。

近年来,全国人大及其常委会、中央网信办、工业和信息化部、公安部、工商局、银保监会、商务部、市场监管总局、最高人民法院、最高人民检察院等机关发布了一系列与个人信息和数据保护相关的法律法规。除前文发布的与国家安全及跨境数据传输有关的法律法规外,与个人信息与数据保护相关的法律法规还包括 2 部法律、1 个常委会决定、11 部部门规章和 2 部司法解释 (见表 2.14),内容包括电信与互联网、电子商务、App、快递、银行、教育等领域的数据收集、使用、管理要求及侵犯公民个人信息案件的处理方法。

表 2.14　个人信息和数据保护相关的法律法规

法　律			
发布时间	文件名称	发布机关	备注
2018 年 8 月 31 日	《电子商务法》	全国人大	2019 年 1 月 1 日起实施
2019 年 10 月 26 日	《密码法》	全国人大	2020 年 1 月 1 日起实施
2021 年 6 月 10 日	《数据安全法》	全国人大	2021 年 9 月 1 日起实施
常委会决定			
2018 年 12 月 28 日	《关于加强网络信息保护的决定》	全国人大常委会	发布并实施

（续表）

法　律			
部门规章			
生效时间	文件名称	发布机关	备注
2000 年 9 月 25 日	《互联网信息服务管理办法》	中央网信办	发布并实施
2013 年 9 月 1 日	《电信和互联网用户个人信息保护规定》	工业和信息化部	发布并实施
2014 年 1 月 26 日	《网络交易管理办法》	工商局	2014 年 3 月 15 日起实施
2015 年 9 月 15 日	《寄递服务用户个人信息安全管理规定》	邮政局	2016 年 1 月 1 日起实施
2017 年 11 月 27 日	《教育部办公厅关于全面清理和规范学生资助公示信息的紧急通知》	教育部	发布并实施
2018 年 5 月 21 日	《银行业金融机构数据治理指引》	银保监会	发布并实施
2018 年 11 月 30 日	《互联网个人信息安全保护指引（征求意见稿）》	公安部	2018 年 11 月 30 日
2019 年 3 月	《App 违法违规收集个人信息自评估指南》	App 专项治理工作组	由中央网信办、工业和信息化部、公安部、市场监管总局指导成立
2019 年 4 月 19 日	《互联网个人信息安全保护指南》	公安部	发布并实施
2019 年 4 月 30 日	《网络交易监督管理办法（征求意见稿）》	市场监管总局	发布并实施
2019 年 6 月 30 日	《关于规范快递与电子商务数据互联共享的指导意见》	商务部	发布并实施
司法解释			
施行时间	文件名称	发布机关	备注
2017 年 6 月 1 日	《最高人民法院、最高人民检察院关于办理侵犯公民个人信息刑事案件适用法律若干问题的解释》	最高人民法院、最高人民检察院	
2018 年 11 月 9 日	《检察机关办理侵犯公民个人信息案件指引》	最高人民检察院	
行业规定			
发布时间	文件名称	发布机关	备注
2016 年 6 月 14 日	《个人信息保护技术指引》	中国支付清算协会技术标准工作委员会	2016 年 7 月 1 日起实施

　　《中华人民共和国密码法》（以下简称《密码法》）于 2020 年 1 月 1 日起施行。《密码法》作为总体国家安全观框架下国家安全法律体系的重要组成部分，也是一部技术性、专业性较强的专门法律。《密码法》中的密码，是指采用特定变换的方法对信息等进行加密保护、安全认证的技术、产品和服务，主要功能是加密保护和安全认证。《密码法》规定，任何组织或者个人不得窃取或者非法侵入他人的加密信息或者密码保障系统，不得利用密码从事违法犯罪活动。《密码法》的出台为加强新时代密码工作提供了强大的法律武器。《密码法》的颁布实施将极大地提升密码工作的科学化、规范化、法治化水平，有力地促进密码技术进步、产业发展和规范应用，切实维护国家安全、社会公共利益，以及公民、法人和其他组织的合法权益，同时也将为密码部门提高"三服务"能力提供坚实的法治保障。

　　从《密码法》出台的必要性来看，其一，核心密码和普通密码维护国家安全方面的基本制度、密码管理部门和密码工作机构及其工作人员开展核心密码和普通密码工作的保障措施等，需要通过国家立法予以明确，进一步提升法治化保障水平；其二，近年来密码在维护国家安全、促进经济社会发展、保护人民群众利益方面发挥越来越重要的作用，国家对重要领域商用密码的应用、基础支撑能力的提升及安全性评估、审查制度等不断提出明确要求，需要及时上升为法律规范；其三，传统对商用密码实行全环节许可管理的手段已不适应职能转变和"放管服"改革要求，亟须在立法层面重塑现行商用密码管理制度。

　　另外，在数据资产管理上，地方政府也出台了相关的管理办法。例如，2017 年的贵州省大数据发展领导小组办公室印发了《贵州省政府数据资产管理登记暂行办法》，贵州省成为全国首个出台政府数据资产管理登记办法的省份；2019 年 11 月 27 日，《山西省政务数据资产管理试行办法》由山西省人民政府第 51 次常务会议通过。

　　在数据安全方面，我国颁布了《数据安全法》，并且在不同层面的法律法规也均有涉及关于保护个人信息的相关规定。但是与国外相比，我国尚缺乏专门的数据保护、数据产权和数据资产治理的基本法。美国、英国、澳大利亚等西方发达国家结合本国国情，在数据标准、质量及数据资产的组织、管理和安全等方面做出详细的明确性规定，形成了覆盖数据流程、前后环节呼应的一体化法律制度体系。缺乏专门的数据安全和个人隐私保护基本法成为制约我国数据资产安全、高效流通的瓶颈。在没有统一认可的行业标准和权威法律的情况下，政府也很难采取有效的措施积极监管和引导数据资产流通市场的发展，这导致我国数据交易黑市猖獗，违规交易频发，数据资产安全问题难以解决。与西方发达国家相比，我国有关数据资产评估方面的法律法规建设相对落后，目前尚未建立针对数据资产流通和应用的专门性法律法规，对多大限度地赋予个人对数据的财产权益、数据的估值和定价问题，以及如何确保流通过程中的数据安全，并无明确的法律依据。而欧盟、澳大利亚和日本则通过对法律法规的不断修订，使法律法规更加严谨、不断完善。因此，在制定新的法律法规的同时，也应该注重对已有法律的修订完善，以适应现状需求与发展趋势。

2.2.5　应用实践

2.2.5.1　数据资产在政务和社会治理中的应用

当前，数据资产运营的模式在解决政务和社会治理问题中，呈现出新特色。南通市通过大数据技术发现经济犯罪的苗头，实现了更科学、更高效的经侦决策，在打击经济犯罪的创新智慧发展之路上处于领先地位；杭州探索出了一条通过大数据、人工智能治理城市问题的新路径，从而有效缓解交通拥堵，并快速响应突发状况，为城市交通的良性运转提供科学的决策依据；丽江市依托多年来积累沉淀的雄厚旅游数据，利用大数据智能预警、科学预测和可以辅助决策的特点，整治规范旅游市场秩序、加强综合监管、提高旅游服务质量；苏州吴中区利用大数据创新政务服务管理体系，让办事人不再"跑断腿"，实现真正意义上的从被动服务向主动服务、从单一服务向综合服务的转变；2019 年，浙江省卫健委深化"最多跑一次"改革、深入推进实施政府数字化转型，依托公共数据平台、政务服务网两大平台，大力推进"互联网+政务服务"，所有政务服务事项实现全流程"一网通办"，提升了行政质量、行政效率和政府公信力，一定程度上也得益于安防、运营商、交通、医疗和其他相关部门数据资产体系的交互和联动。

从总体上看，可用于政务决策的数据的主要来源有三类：第一类是各个部门和机构履行法定职能过程中形成的数据，称为"业务数据"，指业务办理过程中采集和产生的数据；第二类是民意社情数据，指的是政府部门对社会、企业、个人对象进行统计调查获得的数据；第三类是环境数据，即通过物理设备采集获得的气象、环境、影像等数据。除此三类外，以分散形态存在于社会中的数据也日益突显其重要性。尤其是近年来，社会资本投入成立了大批科研机构、企业研究院、数据开发组织等，掌握着大量与政府公共决策有关的数据。这类数据称为"分散性公共数据"，政府可以通过政府采购或者合作开发等多种方式获得其使用权，用于公共决策的需要。

2.2.5.2　数字经济的发展

我国在数据经济方面虽然起步相对较晚，但发展很快。在 2017 年的中国信息化百人峰会上，国家信息中心发布了《2016 中国信息经济发展报告》，到 2016 年中国的数据经济规模达到 3.8 万亿美元，世界排行第 2 位，美国数据经济规模 11 万亿美元，排行第 1 位，排在第 3 位的是日本 2.3 万亿美元，第 4 位是英国 1.43 万亿美元。2019 年 4 月 28 日，中国互联网络信息中心（CNNIC）发布第 45 次《中国互联网络发展状况统计报告》。该报告围绕互联网基础建设、网民规模及结构、互联网应用发展、互联网政务发展、产业与技术发展和互联网安全六个方面，力求对数据进行多角度、全方位的展现。该报告显示，截至 2019 年 3 月，我国网民规模达 9.04 亿人，较 2018 年年底增长 7508 万人，互联网普及率达 64.5%。我国网络购物用户规模达到 7.10 亿人，网络消费作为数字经济的重要组成部分，在促进消费市场蓬勃发展方面正在发挥日趋重要的作用。

2.2.5.3　数据资产服务平台的成立

近年来，各级地方政府层面也在逐渐重视数据资源的管理和利用，开展了很多相关工作。在新一轮的政府机构改革中，设置专门的数据管理机构成为热点，已有贵州、山东、重庆、福建、广东、浙江、吉林、广西等省份设置了厅局级的大数据管理局，统筹推动地方"数字政府"建设，促进政务信息资源共享协同应用。

在我国，数据交易起步于 2010 年，早期有中关村数海、浪潮卓数、数据堂等数据服务商，后期出现了数海大数据交易平台、贵阳大数据交易所、上海数据交易中心等数据交易平台。这些都说明数据资产价值意识正在觉醒，社会各界正在寻求数据资产价值实现。

2015 年 4 月 15 日，全国首家大数据交易所——贵阳大数据交易所正式挂牌，该交易所旨在为数据商开展数据期货、数据融资、数据抵押等业务，提供完善的数据确权、数据定价、数据指数、数据交易、结算、交付、安全保障、数据资产管理和融资等综合配套服务，建立交易双方数据的信用评估体系，增加数据交易的流量，加快数据的流转速度。

2015 年 7 月 21 日，中关村数海数据资产评估中心有限公司作为中国第一家主营数据资产登记确权赋值的服务机构正式成立。它的主营业务是对数据资产进行盘点、登记确权、归类整合、价值评估，并为企业提供数据资产抵押贷款、数据资产证券化等服务，解决数据资产确权与估值问题。

2016 年 1 月 8 日，全国第一家大数据资产评估实验室在贵阳正式揭牌。该实验室建成后将为企业数据资产进行评估、定价，让数据资产进入企业资产负债表，让沉睡的数据资产产生价值。

2018 年 3 月 3 日，全国首家由政府授权的数据资产评估中心由内蒙古呼和浩特和林格尔新区与国信优易数据有限公司联合成立。该中心将探索建立数据资产评估的行业标准，推动中国数据资产评估实现标准化、规范化，为国家大数据顶层设计和规划提供依据，对于补足我国数据资产评估领域的短板具有重要意义和深远影响。

2019 年 9 月 24 日上午，由人民数据管理有限公司主办的"人民数据资产服务平台"在北京正式启动。这是首个国家级大数据开放平台，意味着数据行业的"国家队"在建立行业标准、引领行业规范发展方面迈出了新的步伐，对数据领域的资源整合具有重要的创新意义。

2.3　数据资产化面临的问题

数据资源的价值日益彰显，数据资产评估是数据资产化的必经之路。但相较于发达国家，我国数据资产起步较晚，在数据资产评估中面临着诸多亟须解决的痛点和问题。

2.3.1　数据标准不统一

1. 数据资产类型多样、分散复杂

21 世纪以来，全球数据呈爆发式指数增长。国际数据中心（IDC）发布的《数据时代 2025》报告显示，到 2025 年全球每年产生的数据将从 2018 年的 33ZB 增长到 175ZB，相当于每天产生 491EB 的数据。单一机构的数据规模由以前的 GB 级上升到 TB 级，甚至 PB 级、EB 级。各国政府、不同行业领域的企业除了可采集内部业务数据，还可利用手机终端、传感器、机器设备、网站网络、日志等技术获得大量的外部第三方数据。

数据作为一种资产呈现出数据对象海量、多样、多元化等特点。各行业（如电信、金融、政府、医疗、工业等）存在海量的数据资产，根据用户关注点不同，可以分成不同维度的资产类型，如按照数据来源，可将数据分为

互联网数据、科研数据、感知数据和大数据。数据格式种类也日益丰富，文本数据、图像数据、语音数据、视频数据等半结构化数据或非结构化数据占比越来越大。但目前，数据资产还没有权威的分类标准。此外，不同类型数据的处理、存储、管理方式也不同。多来源、不同格式、不同种类的数据资产为其治理和价值评估带来一系列难题。

2. 管理部门分割自治，数据壁垒现象严重

政府数据管理部门分割自治。在大数据时代，要最大限度地挖掘和释放数据的价值，根本在于促进数据自由、安全地流动。在政务数据方面，2018年国务院印发了《关于加快推进全国一体化在线政务服务平台建设的指导意见》，以加快推进构建统一高效、互联互通、安全高效的国家数据开放共享交换平台，使"让数据跑路，不让群众跑腿"成为可能。但是，当前我国政府信息化建设仍然处于初级阶段，仍然面临着各机构各自为政、管理部门分割自治、各部门沟通困难、"数据壁垒"现象严重等问题。主要原因包含两点，第一，出于观念、利益和安全等诸多因素的考虑，很多政府单位将数据资产当作本部门追求政治利益和经济利益的手段，对数据开放共享持抵触或推诿现象，导致出现"数据烟囱"的不利局面；第二，数据资产是在机构各部门长期信息化发展的基础上产生的，由于较长时期内各部门间信息化建设各自为政，数据元、数据类型、数据标准和数据质量等各不相同，使得数据资源横向传播受阻，各部门之间数据共享困难，加重了"数据孤岛"的现象。例如，医院、社保、保险、公安、银行和运营商等不同机构分别掌握着公民个人的不同信息，但各个部门实现数据融合共享却是很困难的事情。

数据壁垒现象不仅存在于政府部门之间，企业间此现象也相当严重。为维持本企业的竞争优势，在数据资源方面具有市场支配地位的经营者，可能采取限制措施妨碍竞争对手收集数据。例如，在2019年年初的腾讯与抖音、多闪之争中，腾讯表示，腾讯用户在注册账号时同意的《用户协议》中就有约定，微信、QQ头像、昵称、好友关系等数据的所有权归属腾讯，因此没有腾讯授权，即使用户同意，也不能使用微信、QQ账号直接登录抖音或多闪。当前，阿里巴巴、腾讯和百度几乎垄断着我国大多数的消费数据、社交数据和搜索数据，通过数据垄断的形式，使自身发展更加强大，不断扩张商业版图。但是，互联网市场中的其他中小型企业对巨头所掌握的数据望尘莫及，因此也很难在现有市场中取得突破，这也进一步加剧了"数据垄断"的现象，导致跨行业间数据流通和共享不畅，一些有价值的公共数据资源和大量的商业数据资源基本处于锁死状态，降低了资源利用率和数据的可得性。

3. 数据组织标准不一，数据质量参差不齐

当前，我国政府和主管部门对数据描述标准的制定仍处于初级阶段。地方政府数据资源的组织发展都具有各自的独立性，仅有少数如贵州、广东、北京等省市制定了数据标准方案。这些标准对数据资产的组织和标准化具有一定的参考性，但并没有按照资产属性对数据资产进行不同维度的资产分级分类，缺乏对数据资产元数据目录的制定，在元素取值范围、元数据文件格式等方面都尚未建立标准规范，且内容差异性较大、标准并不统一，无法在更大的地区乃至全国范围内推行。

数据组织标准不统一导致数据资产治理和数据资产评估困难。在大数据时代，原生数据不能被直接利用，需要对原生数据进行加工处理，其价值才能显现，就像翡翠原石的开采，如若不加工成饰品，其价值与石头并无二致。政府、企业追逐的数据价值也基本都体现在衍生数据上，而衍生数据价值的高低则取决于原生数据到衍生数据的聚合、加工、计算的准确程度。但是，由于各企业、机构的信息系统完全由设计人决定，数据分类标准和组织方式可能不同，则不同信息系统产生的数据及结构可能完全异构。这也使得当前无论是政府还是企业，他们的大部分数据资源都被束之高阁。要实现信息系统之间的互联互通，就必须转变数据结构方式，这是一项专业性强、难度大的技术活，国内大部分企业和政府部门的数据基础比较薄弱，很多数据主体不具备数据资源的整合和加工能力，更不必说数据资产的流通和治理。此外，数据标准的混乱，也导致数据质量参差不齐，糟糕的数据质量将直接导致数据统计分析不准确、监管业务难、高层领导难以决策等问题。根据数据质量专家 Larry English 的统计，不良的数据质量会使企业额外花费 15%～25%的成本。因此，若要将数据资源转化为资产，并充分发挥其经济价值，前提是制定统一、规范化的数据描述和组织标准，规避错误数据，保证数据质量。

2.3.2 **数据资产意识淡薄**

数据素有"21世纪的石油"之美称，但目前我国还有很多机构和公民对数据资产意识淡薄。

首先，目前并非所有人都能意识到数据及数据资产的价值。仍有大量的数据拥有者（尤其是个人）没有意识到数据资源的重要性和具有资产的属性，对其拥有的数据资源置之不理，对数据主权和隐私的重要性认识不足，更不必说进行数据资源共享或数据保护了，这也是造成当前国内个人信息黑色产业屡禁不绝的原因之一。

其次，部分企业或机构已充分认识到数据本身的价值，但对数据资源的外部性认知存在差异。没有认识到引入外部数据对自身业务发展产生的巨大提升作用，将导致缺乏足够的动力进行数据资产的治理和流通。比如，搜索引擎出于服务的目的，记录了用户搜索所输入的关键字，而这些数据可以被卫生部门用来进行疾病的监控与防治。

最后，数据资产价值有待挖掘释放。政府作为公共数据的核心生产者和拥有者，汇集了最具挖掘价值的数据资源，加快政府数据开放共享，释放政府数据和机构数据的价值，对大数据市场的繁荣、社会经济的发展、国家的繁荣富强都将起到重要影响。不过目前我国政府数据资源开放共享程度还比较低，数据资源共享力度的不足，导致可利用、可开发、有价值的数据资产处于沉睡状态。

2.3.3　缺乏数据资产管理体系

为了更好地实现对政府数据资产的治理，各级政府相关部门需要根据实际情况，结合发展需求，确定政府数据资产治理的总目标，对政府数据资产治理及开发利用进行针对性指导。例如，2017年，贵阳市政府颁布了全国首部政府数据共享开放地方性法规，即《贵阳市政府数据共享开放条例》，将政府数据分为有条件共享和无条件共享，在政府数据开放上，采取了负面清单管理模式。同时，贵阳市政府建立了政府数据开放工作机制和市级统一的政府数据开放平台，这也为后续其他地方政府的数据资产管理与共享工作提供了借鉴参考。但是，到目前为止，我国还没有形成规范化的、法定的、不同层面的数据资产管理制度或政策，各级地方政府和部门在开展电子政务时往往各自为政，采用的标准各不相同，各级政府部门的应用系统往往单独规划，采用不同的数据格式，运行在不同的平台，给彼此之间的数据交换、协同应用带来障碍，阻碍政府部门间数据资源的开放共享；同时，也使各级政府部门在日常数据资产管理和流通中无章可循，严重影响数据质量和数据资产流通市场的合规和合法化，易造成数据资源混乱和数据泄露风险增加等问题。这就需要按照统筹规划、分级审批、分级建设、共享协同的原则建设，从国家层面进行统筹规划，整合各级政府部门信息资源，促进部门间共建共享，实现跨部门业务协同，全面提升政务部门的行政效率和促进数据资产的流通。

有效的专业管理部门和数据管理体系有待建设。建立有效的专业管理部门和数据管理体系，能够确保数据获取和使用合法合规，为数据价值的充分挖掘提供安全可靠的环境。相较于西方发达国家，长期以来我国对数据资产管理机构和管理体系的建设没有足够重视。首先，国内还没有建立起一套包括数据资产分类、采集、获得、流通和使用全生命周期的数据资产治理体系，数据资产管理处于分散、无序状态。对于不同种类的数据，应该经过不同程度的脱敏程序，才能进入数据流通市场，成为流通的客体，数据分类不明确极大地增加了数据资产的安全隐患。其次，各级政府尚未设置职责清晰、运转高效的数据资产管理机构，而大部分企业机构也没有能力构建专业化的数据资产管理团队。

2.3.4　缺乏数据资产评估标准和指南

近年来，大数据的资产价值在国内已经得到了普遍认可，但目前国内还没有任何机构和组织制定了跨区域、跨行业的数据定价和评估体系或方法，政府、企业和数据管理平台在数据资产评估中陷入了困境。2019 年 6 月 4 日，我国发布了首个数据资产领域的国家标准——《电子商务数据资产评价指标体系》，该标准给出的是数据资产评价指标体系构建的原则、指标分类、指标体系和评价过程。2019 年 12 月 31 日，中国资产评估协会为资产评估机构及其资产评估专业人员执行数据资产评估业务提供了《资产评估专家指引第 9 号——数据资产评估》，但这并不是国家或者行业标准，而只是一种专家建议和指引。当前，国内得到行业认可的数据资产评估体系只有"中国开放数林指数"，而它只是评估地方政府数据开放度的评估指标体系。这与国外众多数据资产相关评估指标体系相比，如全球开放数据晴雨表、联合国电子政务调查、世界经济合作组织的开放政府数据指数、开放知识基金会的全球开放数据指数、欧洲开放数据监督等，略显单薄。数据的价值具有高度的复杂性，在不同的时刻、不同的地方，依据不同的挖掘程度、不同的受众都会有不同的价值。因此，我国大部分企业目前还没有建立起一个有效的数据资产识别、价值评估、成本管理的数据资产管理和应用模式，对数据服务和数据资产流通也缺乏合规性的指导，没有找到一条释放数据价值的最优途径。

目前，多数大数据交易平台均设计和开发了自己的线上大数据交易系统，如贵阳大数据交易所、上海大数据交易所、华中大数据交易所都有一套自己的数据资产价值评估体系。在交易数据格式、指标口径、分类目录、交换接口、访问接口、数据隐私保护和数据传输接口等方面，各大数据交易平台均处于自我约束、自行探索的状态，不同数据主体的数据开放格式不一致，不同交易平台的数据描述、传输标准不统一。数据资产规范标准和评估方法的不一致，导致数据获取的实时性难以实现可持续，数据平台流通效率、质量管理等方面良莠不齐，跨机构、跨平台的数据资产管理和评估难以高效进行。

2.4 制定数据资产评估标准的意义

数据资产评估是指对组织内数据资产现状及质量、价值等进行定性和定量评价的活动。通过制定数据资产评估标准，规范数据资产评估方法和流程，推动数据资产评估实务的开展，可以解决数据标准不统一、数据质量评价不科学、数据权属不明晰、数据流通领域受限和数据价值不彰显等数据资产评估过程中存在的专业问题，并进一步成为解决数据资产化的认识问题和组织问题等其他环境问题的重要抓手。

2.4.1 数据资产化过程中存在的主要问题

目前，在数据资产化过程中，除了 2.3 节所提到的主要问题，还存在如下一些主要的专业问题需要解决，如图 2.6 所示。

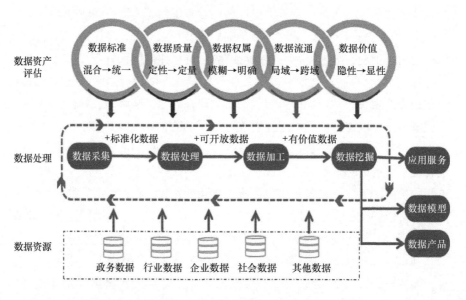

图 2.6 数据资产化过程中的主要专业问题示意图

1. 数据标准不统一

数据标准（Data Standard）是指保障数据定义和使用的一致性、准确性和完整性的规范性约束。对于企业而言，通俗地讲，数据标准就是对数据的命名、数据类型、长度、业务含义、计算口径、归属部门等，定义一套统一的规范，保证各业务系统、企业数据使用者对数据的统一理解、对数据定义和使用的一致性。

但目前各行业的数据标准并不统一且还比较混乱，需要出台规范性文件建立统一的数据标准和管理办法。应制定权威的数据资产分类标准，统一数据的处理、存储、管理方式，即按照资产属性对数据资产进行不同维度的资产分级分类，制定数据资产元数据目录，转变数据结构方式，在元素取值范围、元数据文件格式、数据描述和组织等方面建立起统一标准规范，规避错误数据，保证数据质量，以便于数据流通和治理。

可以从以下维度构建数据标准体系。

1）从数据结构角度的标准分类

结构化数据标准是针对结构化数据制定的标准，通常包括信息项分类、类型、长度、定义、值域等。

非结构化数据标准是针对非结构化数据制定的标准，通常包括文件名称、格式、分辨率等。

2）从数据内容来源角度的标准分类

基础类数据标准是指业务系统直接产生的明细数据和相关代码数据，保障业务活动相关数据的一致性和准确性。

派生类数据标准是指基础类数据根据管理运营的需求加工计算而派生出来的数据，如统计指标、实体标签等。

3）从技术业务角度的标准分类

业务数据标准是指为实现业务沟通而制定的标准，通常包括业务定义和管理部门、业务主题等。

技术数据标准是指从信息技术的角度对数据标准的统一规范和定义，通常包括数据类型、字段长度、精度、数据格式等。

2．数据质量评价不科学

数据质量直接影响数据的价值，并且直接影响数据分析的结果及做出的决策的质量。数据资产质量评估是通过质量管理技术度量、评估等手段，量化数据资产质量，以利于企业改进和保证数据资产的恰当使用。数据资产质量一般从六个方面进行衡量，每个维度都从一个侧面反映数据的质量：完整性、规范性、一致性、准确性、唯一性和关联性。

值得注意的是，数据质量必须是可量化的，需要把质量测量的结果转化为可以理解的和可重复的数字，使企业能够在不同对象之间和跨越不同时间进行比较。如何将定性的描述转为定量的表达，是数据资产评估必须解决的问题。

3. 数据权属不明晰

数据资产的权属主要包括占有权、使用权、管理权、收益权、共享权、跨境传输的权利等。权利人可以同时拥有一个或多个权利约束，在不同权利约束下，数据资产的价值也会不同。数据资产权属直接决定了组织是否有权利使用数据资产进行价值实现。

数据资产评估过程中应明确数据资产的权属，确保数据隐私安全，促进数据资产合法合规地流通。但是，也正如上文中提及的，在国内数据资产的权属还没有被相关的法律充分地认同和明确地界定。

4. 数据流通领域受限

目前，一些政府部门、企业在发展大数据时，往往存在"不愿、不敢、不易"开放的问题。这些由于组织结构、组织数据文化及技术等原因而形成的事实上的"数据孤岛"，造成企业和组织数据资产流通不畅，出现数据"梗塞"的症状。数据流通困难为数据资产的应用带来如下问题：数据不一致，企业无法全面了解数据，浪费大量的资源。

通过数据资产评估，重新梳理和确认数据资产的价值，并在合法、合规的基础上对组织内外的各种数据使用者开放使用。这将会极大地便利和促进数据流通和流动，充分挖掘数据的应用价值。

5. 数据价值不彰显

数据资产成为组织和企业的重要资产类型，已经成为业界的共识。但是在具体操作过程中，仍然被质疑，数据资产为什么要存储这么长时间，这些数据资产究竟能产生什么样的价值？因此，我们需要有效地评估数据价值和显性化数据价值，并且让各种类型数据资产价值形成组织内外的共识。数据资产需要最大化地实现其价值，通过开展数据资产评估活动，梳理数据资产现状，评价数据资产的质量和价值，促进数据资产价值实现。

针对数据资产化过程中存在的以上专业问题，迫切需要指南和标准对数据资产评估工作提供规范和指导，以实现"统一数据标准，明确数据权属，数据跨域流通，定量质量评价，数据价值显性化"。

2.4.2　制定数据资产评估标准是解决数据资产化问题的重要抓手

1．完善数据资产评估标准能够加速数据资产价值显性化

数据资产具有鲜明的行业特征，数据资产评估除了符合资产评估的一般原理，还有鲜明的行业特点。正因为数据资产评估的高度专业和复杂性，迄今为止尚没有一套得到全行业认可的数据资产评估标准。本书与配套的数据资产评估标准，对数据资产评估业务的开展可谓雪中送炭，将对深度挖掘数据资产的价值产生深远的影响。

2．完善数据资产评估标准将直接推动数据资产的流通和应用

数据资产价值实现有两种方式。一种是业务数据化，即将业务中的数据进行汇集、整理、分析、挖掘，服务于自身的经营决策、优化流程、改善管理等的数据增强功能；另一种是数据业务化，即将自身的或自身收集的数据资源整理、分析后对外提供数据服务或产品，用数据回报社会。显然，前者是数据资产价值实现的初级方式；后者才是数据资产价值实现的高级方式，不但可以在本行业得到应用，而且可以应用于更广泛的行业，并通过社会化的数据集成，将数据资产的价值指数级放大。数据资产评估标准推动的数据资产评估服务，无疑将大大促进数据资产的流通和应用，使后一种数据资产的价值更容易实现。

3．数据资产评估标准的推行有利于促进数据质量的改善

一般来说，数据资产评估标准包括数据质量评估标准和数据价值评估标准两部分。开展数据资产价值评估首先要开展数据资产质量的评估。数据资产的质量是影响数据资产价值的首要因素。因此，开展数据资产评估，使数据资产的相关各方进一步提升质量意识，更加注重数据资产质量的提升，也会进一步促进数据生成、加工、管理、治理等整个产业链条的培育和发展。

4．数据资产评估标准的制定能够有力地推动数据资产产权类型及产权构成的明晰

任何数据资产的价值都是针对数据资产的特定产权或其组合的价值。开展数据资产评估首先要明晰数据资产的产权类型和产权组合的构成。因此，依据数据资产评估标准开展的数据资产评估业务能够推动数据资产产权的明晰，并进一步加速数据产权制度的完善。

5. 数据资产评估标准的实施将有力地推动数据资产的标准化水平

数据资产评估通过促进数据质量提高、产权的完善，尤其是通过加强数据资产的流通和共享，有力地推动数据资产的标准化水平，使数据的所有人、使用人、控制人、接收人等各方用户都更加重视数据资产标准化问题，消除数据流通壁垒和数据孤岛。这种标准化不仅包括数据资产的分类标准，更包括数据处理流程、数据管理体系等各个方面。数据资产评估标准本身就是数据资产标准化工作的一个重要组成部分。

6. 数据资产将实质性地改善社会认识和行业管理等数据资产化的外部环境

数据资产评估在数据资产化实务方面的上述一系列作用，也必将有力地推动数据资产化理论水平的提高、政策法规的建设、技术标准的完善，加深社会各界对于数据资产价值的认识和理解，并进一步改善数据资产管理能力和水平，从而构建起一个完整的数据资产化的外部环境，推动我国数据资产化的规模迅速扩大。

第 3 章

数据资产评估框架

3.1 框架总述

　　资产评估属于价值判断的过程，是指使用专业的理论和方法对资产的价值进行定量的估计和判断的过程。现代资产评估业始于 18 世纪末，随着经济社会的发展，评估对象从生活必需品到诸多领域甚至企业，从有形资产到无形资产，资产评估对提高交易质量、降低交易成本起到了积极的作用。

　　数据资产是由数据组成的，因此数据资产与数据一样，也具有物理属性、存在属性和信息属性。数据资产的物理属性是指占用物理空间；数据资产的存在属性是指可读取性，不可读取意味着资产不可见，价值就不会实现；数据资产的物理属性和存在属性就形成了数据资产的物理存在，是有形的。数据资产的信息属性是其价值所在，但这个价值难以计量，需要通过评估确定，体现了数据资产的无形性的特征。因此，数据资产兼有无形资产和有形资产的特征，是一种全新的资产类别。

　　由于数据是客户事物的记录，因此十分复杂，造成数据资产的形态千差万别，很难用统一的方式来定价。而数据资产价值属性取决于不同的使用者和应用场景。因此，使用者和应用场景不同，意味着数据资产价值的评价就会不同。从这个角度来看，数据资产很难有统一的计价标准，需要通过评估后才能得到相应的量化定价。

　　根据数据资产的评估现状和问题分析，针对数据资产评估面临的系统框架缺乏、方法零散等问题，在充分借鉴成熟的资产评估体系、已有的数据资产框架，以及在中评协〔2019〕40 号文件发布的专家指引的基础上，构建了一套数据资产评估框架（见图 3.1），主要包括评估依据、评估流程、评估要素、评估方法、评估安全和评估保障。数据资产评估遵循法律法规、标准规范、权属、取价参考和环境因素等评估依据，通过评估准备、评估执行、出具报告和档案归集等评估流程，在技术、平台和制度保障下，采用数据质量评估方法，选用成本法、收益法、市场法和综合法等数据价值评估方法，实施质量要素、成本要素、应用要素和流通要素等要素的评估，并通过评估机构安全管理、数据安全管理和安全评估机制确保评估安全。

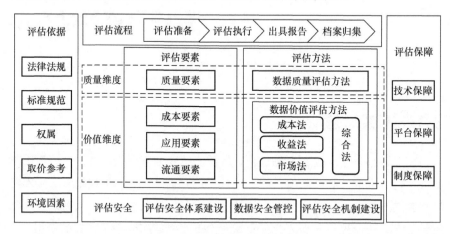

图 3.1　数据资产评估框架

3.1.1　评估原则

在开展数据资产评估过程中应遵循一定的业务准则，为数据资产评估专业人员在执行资产评估业务过程中的专业判断提供技术依据。在具体的工作中应遵循供求原则、最高最佳原则、替代原则、预期收益原则、贡献原则、评估时点原则和外在性原则等原则。

（1）供求原则：供求关系会影响数据资产价值。在数据资产定价时，均衡估值是需求和供给共同作用的结果，尽管数据资产定价随供求变化并不呈固定比例变化，但变化的方向带有规律性。

（2）最高最佳原则：指法律上允许、技术上可能、经济上可行，经过充分合理论证，使数据资产的价值最大的一种利用。强调应以最佳用途及利用方式实现其价值。

（3）替代原则：价格最低的同质数据资产对其他同质数据资产具有替代性。

（4）预期收益原则：应当基于数据资产对未来收益的预期加以确定。

（5）贡献原则：数据资产在作为资产组合的构成部分的情形下，其价值由对所在资产组合或完整资产整体价值的贡献来衡量。

（6）评估时点原则：确定评估基准日，为数据资产评估提供一个时间基准。此原则是对交易假设和公开市场假设的一个反映，数据资产评估是对随着市场条件变化的动态资产价格的现实静态反映，这种反映越准确，评估结果越合理。

（7）外在性原则：是外部因素对相关权利主体带来自身因素之外的额外收益或损失，从而影响数据资产价值。

3.1.2　评估主体

数据资产评估过程涉及评估人、评估委托人、数据资产持有人、报告使用人等主体，应明确其各自定位和作用。

1．评估人

可委托评估机构及专业评估人员开展评估，也可组织内部评估。

2．评估委托人

评估委托人即与评估机构签订委托合同或自行组织评估的民事主体。在现实层面，一般包括如下几类评估委托人，一是评估委托人即数据资产持有人或掌控人。二是为司法审判出具意见的评估，应由法院或法官委托。为当事人诉讼请求提供依据的评估，可以由诉讼举证方委托。三是对于涉及上市公司并购、收购或出让数据资产业务的评估，委托人应该是上市公司。由于上市公司是相关信息披露的义务人，因此一般情况下应该是评估业务委托人，或者由上市公司与其他当事人共同委托。

在评估委托人权利安排方面，一是评估委托人有权自主选择符合资产评估法的（专业）评估机构；二是评估委托人有权要求与相关当事人及评估对象有利害关系的评估专业人员回避；三是当评估委托人对评估报告结论、定价、评估程序等方面有不同意见时，可以要求评估机构解释；四是评估委托人认为评估机构或者评估专业人员违法开展业务的，可以向有关评估行政管理部门或者行业协会投诉、举报，有关评估行政管理部门或者行业协会应当及时调查处理，并答复评估委托人。

在评估委托人义务设定方面，一是应对其提供的权属证明、财务会计信息和其他资料的真实性、完整性和合法性负责；二是不得对评估行为和评估结果进行非法干预；三是在委托评估机构的情况下，应当按照合同约定向评估机构支付费用；四是应按照法律规定和评估报告载明的使用范围使用评估报告。除非法律法规有明确规定，评估委托人未经评估机构许可，不得将数据资产评估报告全部或部分内容披露于任何公开的媒体上。

3．数据资产持有人

数据资产持有人是指评估对象的产权持有人。其既可能是委托人，也可能不是。目前，《中华人民共和国资产评估法》中没有单独规范数据资产持有人（或被评估单位）权利与义务的相关条款。作为签约主体的数据资产持有人的权利及义务可以在资产评估委托合同中直接约定，对不作为资产评估委托合同签订方的数据资产持有人配合资产评估的要求，一般通过对委托人的协调义务及责任加以实现。

4．报告使用人

报告使用人是指法律法规明确规定的，或者评估委托合同中约定的有权使用数据资产评估报告或评估结论的当事人。报告使用人有权按照法律规定、数据资产评估委托合同约定和数据资产评估报告载明的适用范围和方式使用评估报告或评估结论。报告使用人未按照法律、法规或资产评估报告载明的使用范围和方式使用评估报告的，评估机构和评估专业人员将不承担责任。

3.1.3 评估客体

评估客体也称被评估标的、评估对象，即待评估的数据资产。评估范围就是待评估的数据集合。评估范围是对评估对象组成、结构的进一步补充说明。评估对象及范围应当由委托人依据经济行为要求和法律法规提出，并在评估委托合同中明确约定。在评估对象确定过程中，评估机构和资产评估专业人员应当关注其是否满足经济行为要求，是否符合法律法规规定，必要时向委托人提供专业建议。

3.1.4 评估目的

数据资产评估的目的，是数据资产评估行为及结果的使用要求与具体用途。评估目的直接决定了数据资产评估的条件和价值类型的选择。不同评估目的可能会对评估范围的界定、价值类型的选择和潜在交易市场的确定等方面产生影响。若用于交易变现行为的评估，则该数据资产的使用价值取决于市场的交换条件和需求者对其使用价值的判断。若用于投资行为的评估，则只是考虑该资产在被投资主体中是否有用及其有用程度。对现行无形资产进行评估的场景，其评估目的包括：

（1）交易支持：如企业之间交易数据资产，需要对交易标的进行定价。

（2）授权许可：如企业将自身的数据资产授权他人使用时，需要分析许可的价值。

（3）侵权损失：在涉及数据的不正当竞争诉讼中，需要对不正当竞争者的获利及对他人造成的损失进行认定。

（4）企业间的交易与税赋：各相关方数据资产之间的转让，需要在各个税赋监管部门的监督下进行，需要对数据资产进行评估。

（5）会计要求：又称为以财务报告为目的的资产评估。

（6）法律要求：如企业首次公开募股的文件常常需要提供关于上市公司无形资产重要程度的信息。

3.1.5 价值类型及选择

价值类型是指数据资产评估结果的价值属性及其表现形式。不同价值类型从不同角度反映数据资产评估价值的属性和特征。不同价值类型所代表的资产评估价值不仅在性质上是不同的，在数量上往往也存在较大差异。价值类型是影响和决定资产评估价值的重要因素。具体而言，一是价值类型在一定程度上决定了评估方法的选择；二是通过明确价值类型，可以更清楚地表达评估结果。价值类型的种类主要包括市场价值、投资价值、在用价值等几种类型。

1．市场价值

市场价值是在适当的市场条件下，自愿买方和自愿卖方在各自理性行事且未受任何强迫的情况下，评估对象在评估基准日进行公平交易的价值估计数额。其中，自愿买方是有购买动机，能够根据现行市场真实状况和市场期望值购买数据资产的主体；自愿卖方是有能力期望在进行必要的市场营销之后，以公开市场所能达到的最高价出售数据资产的主体。市场价值是在公平市场交易中，以货币形式表示的为数据资产所支付的价格。市场价值主要受到交易标的和交易市场两个方面因素的影响，其中，交易标的因素是指不同数据资产预期可获得的收益不同，不同获利能力的数据资产会有不同的市场价值；交易市场因素是指该标的数据资产将要进行交易的市场，不同的市场可能存在不同的供求关系等因素，因而也会对交易标的市场价值产生影响。

2. 投资价值

投资价值是评估对象对于具有明确投资目标的特定投资者或者某类投资者所具有的价值估计数额，也称为特定投资者价值。投资价值与市场价值相比，除受到交易标的因素和交易市场因素影响外，最为重要的差异是受到市场参与者个别因素的影响，也就是受到交易者个别因素的影响。只有把个别因素作为影响评估对象价值的因素考虑进去（通常也影响到了评估结果）的时候，如投资偏好、合并效应、产业链接等，这样的评估结论才能称为投资价值。

3. 在用价值

在用价值是评估对象按其正在使用的方式和应用场景，对其服务的企业和组织所产生的经济价值的评估。

影响价值类型的因素主要包括评估目的、市场条件和交易条件、评估对象自身条件（自身功能和使用方式）、与评估假设的相关性因素。其中，评估目的是数据资产评估价值的基础条件之一，能够直接或间接地影响评估过程及其运作条件。评估目的具体包括对评估对象的利用方式和使用状态的宏观约束，以及对数据资产评估市场条件的宏观限定。市场条件和交易条件是资产评估的外部环境，是影响资产评估结果的外部因素。在不同的市场条件下或交易环境中，即使是相同的资产也会有不同的交换价值和评估价值。评估对象自身条件是影响数据资产评估价值的内因，对评估价值具有决定性的影响。不同功能的数据资产会有不同的评估结果，使用方式和利用状态不同的相同资产也会有不同的评估结果。不同类型的资产，单独使用或作为局部资产使用将影响其效用的发挥，也就直接影响其评估价值和价值类型。总之，被评估数据资产的作用方式和作用空间不可以由评估人员随意设定。它是由资产评估的特定目的和评估范围限定的。被评估数据资产自身的功能、属性等也会对其作用方式和作用空间产生影响。

执行数据资产评估业务时，应当在考虑评估目的、市场条件、评估对象自身条件等因素的基础上，选择价值类型。例如，以交易支持、授权许可、企业间的交易与税赋为目的时，一般选择使用数据资产的市场价值；以评估侵权损失为目的时，一般选择使用数据资产的在用价值；以投资和企业并购为目的时，一般选择使用数据资产的投资价值和市场价值。

3.1.6 评估假设

数据资产评估假设是依据现有知识和有限事实，通过逻辑推理，对数据资产评估所依托的事实或前提条件做出的合乎情理的推断或假定。数据资产评估假设也是数据资产评估结论成立的前提条件。在评估过程中可以起到化繁为简、提高评估工作效率的作用。

数据资产评估假设的选择和应用应具有合理性、针对性、相关性。其中，合理性要求评估假设都应建立在一定依据、合理推断、逻辑推理的前提下，设定的假设都存在发生的可能性，假设不可能发生的情形是不合理的假设。针对性要求评估假设应该针对某些特定问题，这些特定问题具有不确定性，评估人员可能无法合理计量这种不确定性，需要通过假设忽略其对评估的影响。相关性要求评估假设与评估项目实际情况相关，与评估结论形成过程相关。常见的评估假设有交易假设、公开市场假设、最佳使用假设和现状利用假设等。

1．交易假设

交易假设假定所有待评估数据资产已经处在交易过程中，评估师根据待评估数据资产的交易条件等模拟市场进行估价。交易假设一方面为资产评估得以进行创造了条件；另一方面它明确限定了资产评估的外部环境，即资产是被置于市场交易之中的，资产评估不能脱离市场条件而孤立地进行。

2．公开市场假设

公开市场假设假定数据资产可以在充分竞争的市场上自由买卖，其价格高低取决于一定市场的供给状况下独立的买卖双方对数据资产的价值判断。公开市场假设旨在说明一种充分竞争的市场环境，在这种环境下，数据资产的交换价值受市场机制的制约并由市场行情决定。

3．最佳使用假设

最佳使用假设指一项数据资产在法律上允许、技术上可能、经济上可行，经过充分合理的论证，能使该项数据资产实现其最高价值的使用。

4．现状利用假设

现状利用假设指按照一项数据资产目前的利用状态及利用方式对其价值进行评估。当然，现状利用方式可能不是最佳使用方式。

5．其他假设

（1）持续使用假设。被评估的资产正处在使用状态，并假设这些处于使用状态的资产还将继续使用下去。

（2）被评估单位所处行业的法律法规和政策在预测期内无重大变化。

（3）社会经济环境在预测期内无重大变化。

（4）国家现行银行利率、外汇汇率的变动保持在合理范围内。

（5）被评估企业的经营模式、盈利模式没有重大变化。

（6）被评估单位提供的与评估相关的财务报表、会计凭证、资料清单及其他有关资料真实、完整。

（7）被评估单位的会计政策和核算方法在评估基准日后没有重大变化。

3.1.7 评估基准日

数据资产评估基准日是数据资产评估结论对应的时间基准，评估委托人需要选择一个恰当的资产时点价值，有效地服务于评估目的。评估机构接受客户的评估委托之后，需要了解委托人根据评估目的及相关经济行为的需要确定评估时点，也就是委托人需要评估机构评估在什么时点上的价值，该时点就是评估基准日。数据资产评估基准日用以明确评估结论所对应的时点概念。不同的评估基准日会对应不同类型的数据资产评估业务。

1．现时性评估

现时性评估是指评估基准日的选择是现实日期，也就是评估工作日近期的时点，该结果表达的是评估对象截至评估基准日现实状态中，在评估基准日市场条件中，以评估基准日货币币值计量的评估结果。

2．追溯性评估

追溯性评估是指评估基准日选择的是过去的日期，结论所表达的含义是采用被追溯基准日的货币价值作为计量标准，以评估对象截至被追溯基准日的状态为准，在被追溯基准日市场条件下所表现的价值。

3．预测性评估

预测性评估是指评估基准日选择的是未来的日期，预测性评估采用的是被预测基准日预期的市场条件和价格标准。评估对象的状态则是根据委托要求，选择评估工作日现实的状态，也可以确定为被预测基准日预期的状态。评估报告都有使用期限，评估结论的使用有效期以评估基准日为基础确认。

在评估基准日的选择与评估报告中引用其他报告基准日的匹配问题上，一是引用审计报告时，审计的截止日必须与评估基准日保持一致；二是引用其他评估机构出具的单项资产评估报告的结论时，应参照《资产评估执业准则——利用专家工作及相关报告》规定，"资产评估专业人员应当关注拟引用单项资产评估报告的性质、评估目的、评估基准日、评估对象、评估依据、参数选取、假设前提、使用限制等是否满足资产评估报告的引用要求；不满足资产评估报告引用要求的，不得引用。"当数据资产评估报告需要引用其他专业报告的结论或数据时，评估专业人员应该与委托人充分沟通，必要时还应该在评估委托合同中明确约定引用方式及引用责任。

3.1.8　评估报告日

数据资产评估报告日通常为评估结论形成的日期。如果被评估资产在评估基准日到评估报告日之间发生了重大变化，评估机构负有了解和披露这些变化及可能对评估结论产生影响的义务。评估报告日之后，评估机构不再负有对被评估数据资产重大变化进行了解和披露的义务。如果出现评估基准日之后的期后事项，首先评估机构和评估人员需要采用适当的方式对评估人员撤离评估现场后至评估报告日之间被评估数据资产所发生的相关事项及市场条件发生的变化进行了解，并分析判断该事项和变化的重要性，对于较重大的事项应该在评估报告中进行披露，并提醒报告使用者注意该期后事项对评估结论可能产生的影响；如果期后发生的事项非常重大，足以对评估结论产生颠覆性影响，评估机构应当要求评估委托人更改评估基准日重新评估。

3.2　评估依据

3.2.1　法律法规

法律法规包括：

（1）数据资产相关的法律法规；

（2）资产评估相关的法律法规；

（3）数据安全相关的法律法规。

3.2.2　标准规范

标准规范包括：

（1）数据资产管理、质量评价和价值评估等方面的标准规范；

（2）数据资产评估的基本准则、规范指南、指导意见和技术指引等。

3.2.3　权属

权属包括：

（1）数据资产的所有权法律文件或同等效力证明资料；

（2）数据资产的许可使用权法律文件或同等效力证明资料。

3.2.4　**取价参考**

取价参考包括：

（1）委托方提供的有关数据资产成本、收益和交易历史等资料；

（2）金融机构的利率、汇率，股市价格指数等资料；

（3）专业机构发布的公共数据库文献资料；

（4）评估组织和人员收集的市场询价和勘察记录等资料。

3.2.5　**环境因素**

环境因素应考虑：

（1）行业及地域特点；

（2）风险因素，包括管理风险、流通风险、数据安全风险、权属风险和敏感性风险等。

3.3　**评估要素**

数据资产评估框架的设计，吸收借鉴了传统资产评估和无形资产评估的方法论体系，但有待结合数据的特性进行完善和优化，以更具备数据资产评估的场景适应性和目标实现性。因此，数据资产评估框架从梳理影响评估的关键因素出发，将评估要素的维度归纳为质量和价值两个维度，质量维度即数据质量要素，价值维度包括成本要素、流通要素和应用要素。评估要素从规划框架、评估内容、评估指标和备选参数等维度为评估方法的设计提供思路和依据。

3.3.1　**质量要素**

质量要素是指数据资产在特定业务环境下符合和满足数据应用的程度，一般而言质量要素评价维度包括准确性、一致性、完整性、规范性、时效性、可访问性等。准确性是指数据资产和真实事物及事件之间的接近程度；一致性是指不同数据集之间描述同一个事物的相同程度；完整性是指数据资产应采集和实际采集到数据之间的比例；规范性是指数据资产符合国家或者行业数据标准的程度；时效性是指数据资产从产生到被应用之间的实际时长；可访问性是指数据资产可以被数据消费者清晰辨认并加以使用的便利程度。

质量要素的评估模型和测度方法可参考 GB/T 36344—2018、GB/T

25000.12—2017 和 GB/T 25000.24—2017 等国家标准的规定。

3.3.2 成本要素

成本要素是指数据资产从产生到评估基准日所发生的总成本，主要包括规划成本、建设成本、维护成本和其他成本等。

1．规划成本

规划成本是指数据生存周期整体规划所投入的整体成本，包含数据生存周期整体规划所投入的人员薪资及相关资源费用（人天工资/部门预算支出/规划项目费用）。

2．建设成本

建设成本是指在数据采集、数据存储、数据开发、数据应用等方面投入的成本。

（1）数据采集费用：包括主动获取费用和被动获取费用两种方式。主动获取费用即向数据持有人购买数据的价款、注册费、手续费、服务费等，通过其他渠道获取数据时发生的市场调查、访谈、实验观察等费用，以及在数据采集阶段发生的人工工资、打印费、网络费等相关费用。被动获取费用即企业生产经营中获得的数据、相关部门开放并经确认的数据、企业相互合作共享的数据等所需要的费用，以及开发采集程序等相关费用。

（2）数据存储费用：存储库的构建、优化等费用。

（3）数据开发费用：信息资源整理、清洗、挖掘、分析、重构和预评估等费用；知识提取、转化及检验评估费用；算法、模型和数据等开发费用。

（4）数据应用费用：开发、封装并提供数据应用和服务等产生的费用。

3．维护成本

维护成本是指数据维护投入的成本，包括：

（1）数据质量评价费用，包括识别问题和敏感数据等费用；

（2）数据优化费用，包括数据修正、补全、标注、更新、脱敏等费用；

（3）数据备份、数据冗余、数据迁移、应急处置等费用。

4．其他成本

其他成本是指在软硬件、基础设施、公共管理等方面投入的成本，包括：

（1）软硬件成本：与数据资产相关的软硬件采购或研发及维护费用。

（2）基础设施成本：机房、场地等建设或租赁及维护费用。

（3）公共管理成本：水电、办公等分摊费用。

3.3.3　流通要素

流通要素是指数据资产价值在市场流通过程中，受到供求关系、历史交易情况等影响。供求关系指稀缺性和市场规模，供求关系的变化影响数据的价格波动；历史交易情况是指数据集所在行业交易时点的居民消费价格指数，会影响数据资产的价值走向。

3.3.4　应用要素

应用要素是指数据资产在使用过程中，对数据价值产生影响的要素，包括使用范围、使用场景、预期收益、预期寿命、折现率和应用风险。

1．使用范围

数据资产的使用范围可以按照行业、领域、区域进行区分，包括：

（1）数据可应用的行业；

（2）数据可应用的领域、应用场景等；

（3）数据可应用的区域，如行政区划。

2．使用场景

使用场景是指使用方式、开放程度、使用频率、更新周期等，同样的数据在不同使用场景下的价值会不同，包括：

（1）使用方式：提供数据服务的方式，如数据订阅、应用程序接口、访问接口等。

（2）开放程度：分析对象的行业信息特点，制定针对性的价值评估策略。

（3）使用频率：数据在既定时段内被访问、浏览、下载的次数。

（4）更新周期：数据更新的一定时间段单位，如实时或 $t+1$ 等，体现数据活性。

3．预期收益

预期收益是指数据在使用过程中产生的经济价值和社会价值，其中经济价值又分为直接经济价值和间接经济价值，社会价值是指通过数据服务于社会和组织进而创造的社会效益，数据的应用对社会、环境、公民等带来的积极作用和综合效益，对就业、增加经济财政收入、提高生活水平、改善环境等社会福利方面所做贡献的总称。社会价值可用于衡量使用范围为暂不允许获取经济收益的行业和领域的数据资产价值，如政务数据、公共数据、科研数据等。评估维度包括且不限于：

（1）替代成本，即不通过数据开放等方式免费获得该数据资产，而通过其他付费渠道获取时，所需支付的费用。

（2）以应用主体获得该数据资产后，融合应用产生新的经济收益为变量构建模型，所得的结果值作为费用。主要衡量该数据的引入对新产生的经济收益的贡献权重。

（3）以社会效益评估得分（分值或百分比）为变量构建的模型所得的结果值作为费用。例如，由数据共享价值、政府治理价值、数据产业价值和数据环境价值等加权得到。数据共享价值，如数据访问、浏览、下载等价值；政府治理价值，如政府治理效率、透明度等价值；数据产业价值，如产业的就业、税收、升级等价值；数据环境价值，如数据的生态、营商、健康环境等价值。模型构建可参考 GB/T 38664.3—2020。

4．预期寿命

预期寿命应综合考虑自然收益期和合规收益期。

（1）自然收益期：在无任何风险和合规期限要求的假设下，待评估数据资产还能产生价值的剩余时间。

（2）合规收益期：存在合规期限要求下，待评估数据资产还能产生价值的剩余时间。

5．折现率

折现率应综合考虑无风险收益率和风险收益率。

（1）无风险收益率：把资金投资于没有任何风险的数据资产所能得到的收益率。一般会把这一收益率作为基本收益，再考虑可能出现的各种风险。

（2）风险收益率：由拥有或控制数据资产的组织承担风险而额外要求的风险补偿率。

6．应用风险

应用风险包括管理风险、流通风险、数据安全风险、权属风险、敏感性风险和监督风险等。

（1）管理风险：在数据应用过程中，因管理运作中信息不对称、管理不善、判断失误等影响应用的水平。

（2）流通风险：数据开放共享、交换和交易等流通过程中的风险。

（3）数据安全风险：数据泄露、被篡改和损毁等风险。

（4）权属风险：因数据权属的不确定性对应用和价值发挥造成影响。

（5）敏感性风险：数据若使用不当而产生的损害国家安全、泄露商业秘密、侵犯个人隐私等风险。

（6）监管风险：法律法规、政策文件、行业监管等新发布或变更对应用产生的影响。

3.4 评估流程

为规范数据资产评估机构及数据资产评估专业人员履行资产评估程序行为，保护资产评估当事人合法权益和公共利益，评估程序应关注流程设计、流程任务和流程管理等环节。通过流程设计明确评估工作包含的步骤，通过流程任务明确相关方在各步骤中的责、权、利，通过计划、组织、领导、控制等流程管理活动对流程进行整体监控，保障评估的顺利开展。

数据资产评估流程包括评估准备、评估执行、出具报告、档案归集等步骤。

3.4.1 评估准备

1．明确业务基本事项

数据资产评估机构受理资产评估业务前，应明确评估业务基本事项，综合分析和评价自身专业能力、独立性和业务风险，从而决策评估开展与否。

应满足的具体要求如下。

（1）明确的基本事项包括：

① 委托人、产权持有人和委托人以外的其他资产评估报告使用人；

② 评估目的；

③ 评估对象和评估范围；

④ 价值类型；

⑤ 评估基准日；

⑥ 评估报告使用范围；

⑦ 评估报告提交期限及方式；

⑧ 评估服务费及支付方式；

⑨ 委托人、其他相关当事人与数据资产评估机构及其资产评估专业人员在工作配合和协助等方面需要明确的重要事项。

（2）受理数据资产评估业务应满足专业能力、独立性和业务风险控制要求，否则不得受理。

2．项目背景调查及订立业务委托合同

为对质量和价值评估所需工作量进行判断，并规范数据资产评估委托合

同的订立、履行等行为，数据资产评估机构受理评估业务应与委托人依法订立资产评估委托合同，约定双方权利、义务、违约责任和争议解决等内容。

应满足的具体要求如下：

（1）收集对质量和价值评估工作量进行判断所需的基本信息。

（2）数据资产评估委托合同应主要包括以下内容：

① 数据资产评估机构和委托人的名称、住所、联系人及联系方式；

② 评估目的；

③ 评估对象和评估范围；

④ 评估基准日；

⑤ 评估报告使用范围，包括资产评估报告使用人、用途、评估结论的使用有效期及评估报告的摘抄、引用或者披露；

⑥ 评估报告提交期限和方式；

⑦ 评估服务费总额或支付标准、支付时间及支付方式；

⑧ 数据资产评估机构和委托人的其他权利和义务；

⑨ 违约责任和争议解决；

⑩ 合同当事人签字或者盖章的时间；

⑪ 合同当事人签字或者盖章的地点。

（3）订立数据资产评估委托合同时未明确的内容，资产评估委托合同当事人可采取订立补充合同或法律允许的其他形式做出后续约定。

3．编制评估计划

数据资产评估计划涵盖业务开展主要过程、时间进度、人员安排等主要内容。数据资产评估专业人员应根据资产评估业务具体情况编制资产评估计划，合理确定计划的繁简程度。

数据资产评估计划应主要包括以下内容：

（1）数据资产评估目的及相关管理部门对评估开展过程中的管理规定；

（2）评估业务风险、评估项目的规模和复杂程度；

（3）评估对象及其评估要素；

（4）评估项目所涉及数据资产的结构、类别、数量及分布状况；

（5）委托人及相关当事人的配合程度；

（6）相关资料收集状况；

（7）委托人、数据资产持有人（或被评估单位）过去委托资产评估的情况、诚信状况及其提供资料的可靠性、完整性和相关性；

（8）评估专业人员的专业能力、经验及人员配备情况；

（9）与其他中介机构的合作、配合情况等。

在评估工作推进过程中，由于前期资料收集不齐全、现场调查受到限制或委托人提供资料不真实，工作推进后发现需要进一步补充资料和增加现场工作时间，从而造成未能按计划完成进度，或在业务推进过程中发现未预料到的数据资产类型或者业务形态，导致原计划的评估技术思路无法满足需要，又或由于委托人经济行为涉及的评估对象、评估范围、评估基准日发生变化而导致的评估计划不能如期推进的，应尽快与委托人、其他相关当事人进行沟通、调整计划。调整计划要兼顾评估效率和工作质量的原则，充分利用已有的工作成果，评估计划调整可以使成本降低到最低水平。

3.4.2 评估执行

1．进行评估现场勘察

进行评估现场勘察是指通过评估现场调查获取数据资产评估业务需要的资料，了解评估对象现状。

其应满足的具体要求如下：

（1）数据资产评估机构及其数据资产评估专业人员可根据需要进行实地勘察及在线评估勘察。

① 实地勘察：由评估机构的勘察小组实地勘察数据资源状况，包括数据资产登记信息、数据资产目录等。

② 在线评估勘察：通过数据接口的方式，采用全量或者抽样定量的方式，对数据做在线的勘察。

（2）现场调查手段包括询问、访谈、核对、监盘、勘察等。

（3）现场调查方式包括逐项调查、抽样调查，根据重要性原则进行选择。

2．收集整理评估资料

收集整理评估资料是指数据资产评估专业人员根据资产评估业务具体情况收集数据资产评估资料，梳理数据资产的综合信息，为评定估算提供全面的信息支持。

其应满足的具体要求如下：

（1）应收集的资料包括委托人或其他相关当事人提供的涉及评估对象和评估范围等资料，以及从政府部门、各类专业机构和市场等渠道获取的其他资料；

（2）应要求委托人或其他相关当事人提供涉及评估对象和评估范围的必要资料并进行确认，确认方式包括签字、盖章和法律允许的其他方式，保证资料的真实性、完整性、合法性；

（3）应依法对评估活动中使用的资料进行核查验证，方法包括观察、询问、书面审查、实地调查、查询、函证、复核等；

（4）超出自身专业能力范畴的核查验证事项，应委托或要求委托人委托其他专业机构出具意见；

（5）因法律法规规定、客观条件限制无法实施核查验证的事项，应在工作底稿中予以说明，分析其对评估结论的影响程度并在评估报告中予以披露。如对评估结论产生重大影响，不得出具资产评估报告。

3．确定评估方法

确定评估方法是指依据具体评估项目的目的、评估对象特征、选用价值类型，结合评估资料的可获得性、法律法规及评估规范的具体要求，确定适当的评估方法。

当满足采用不同评估方法的条件时，数据资产评估专业人员应当选择两种或者两种以上的评估方法，通过综合分析形成合理评估结论。

4．评估测算及结果分析

评估测算及结果分析是指依据选用的评估方法，汇总整理分析评估资料，对评估结果进行测算，分析评估结果的合理性。

其应满足的具体要求如下：

（1）应保证测算过程正确；

（2）测算前后逻辑保持一致。

5．内部审核确认

内部审核确认是指按照评估机构的质量控制制度，对评估报告进行审核确认。

其应满足的具体要求如下：

（1）参与审核的人员具备相应的知识和技能。

（2）涉及实质专业技术问题时要与项目技术人员沟通一致，必要时需要修改评估报告。

（3）对评估报告的审核应注重审核的内容及效果，具体审核的内容主要包括：

① 评估程序履行情况；

② 评估资料完整性、客观性、适时性，评估方法、评估技术思路合理性；

③ 评估目的、价值类型、评估假设、评估参数及评估结论在性质和逻辑上的一致性；

④ 评估计算公式及计算过程的正确性及技术参数选取的合理性；

⑤ 当采用多种方法进行评估时，需审查各种评估方法所依据的假设、前提、数据、参数可比性；

⑥ 最终评估结论合理性；

⑦ 评估报告合规性。

3.4.3 出具报告

1．与被评估方交换意见

将评估报告初稿呈交委托方提出意见。对委托方提出意见的确认，应在不影响评估结论的情况下进行独立判断。

2．出具评估报告

数据资产评估机构及其数据资产评估专业人员应就与委托方交换意见修改报告并重新履行内部审核程序，出具评估报告，并告知委托人或其他的评估报告使用人合理应用评估报告。应满足的具体要求如下：

（1）数据资产评估报告应反映数据资产的特点，通常包括以下内容：

① 评估对象的信息要素；

② 数据资产应用的商业模式；

③ 对评估要素的分析过程；

④ 使用的评估假设和前提条件；

⑤ 数据资产的许可使用、转让、诉讼和质押情况；

⑥ 有关评估方法的主要内容，包括评估方法的选取及其理由，评估方法中的运算和逻辑推理公式，各重要参数的来源、分析、比较与测算过程，对测算结果进行分析并形成评估结论的过程；

⑦ 其他必要信息。

（2）在编制数据资产评估报告时，不得违法披露数据资产涉及的国家安全、商业秘密、个人隐私等数据。

（3）未经委托人书面许可，不得将数据资产评估报告的内容向第三方提供或者公开，报告内容不得被摘抄、引用或者披露于公开媒体，法律、行政法规规定及相关当事人另有约定的除外。

（4）应告知委托人或其他的评估报告使用人，按照法律、行政法规规定和资产评估报告载明的使用目的及用途使用数据资产评估报告。

（5）应明确评估结论的使用有效期。通常，只有当评估基准日与经济行为实现日相距不超过一年时，才可以使用数据资产评估报告。

3.4.4　档案归集

数据资产评估机构应对工作底稿、数据资产评估报告和其他相关资料进行整理，形成评估档案。

数据资产评估机构及其数据资产评估专业人员应满足的具体要求如下：

（1）按照法律、行政法规等相关规定，建立健全评估档案管理制度，严格执行保密制度，妥善、统一管理数据资产评估档案，保证评估档案安全和持续使用。

（2）记录评估程序履行情况，形成工作底稿。工作底稿通常分为管理类工作底稿和操作类工作底稿：

① 管理类工作底稿是指在执行资产评估业务过程中，为受理、计划、控制和管理资产评估业务所形成的工作记录及相关资料。通常包括以下内容：

> 数据资产评估业务基本事项的记录；
> 评估委托合同；
> 评估计划；
> 评估业务执行过程中重大问题处理记录；
> 评估报告的审核意见。

② 操作类工作底稿是指在履行现场调查、收集评估资料和评定估算程序时所形成的工作记录及相关资料。通常包括以下内容：

> 现场调查记录与相关资料，包括：委托人或者其他相关当事人提供的资料，如资产评估明细表，评估对象的权属证明资料，与评估业务相关的历史、预测、财务、审计等资料，以及相关说明、证明和承诺等；应由提供方对相关资料进行确认，确认方式包括签字、盖章或者法律允许的其他方式；现场勘察记录、书面询问记录、函证记录等；其他相关资料。

> 收集的评估资料，通常包括：市场调查及数据分析资料，询价记录，其他专家鉴定及专业人士报告，其他相关资料。

> 评定估算过程记录，通常包括：重要参数的选取和形成过程记录，价值分析、计算、判断过程记录，评估结论形成过程记录，与委托人或者其他相关当事人的沟通记录，其他相关资料。

（3）在资产评估报告日后一定时期（如 90 日）内将工作底稿、评估报告及其他相关资料归集形成评估档案，并在归档目录中注明文档介质形式。

重大或者特殊项目的归档时限为评估结论使用有效期届满后 30 日内。

（4）工作底稿应真实完整、重点突出、记录清晰，反映资产评估程序实施情况，支持评估结论。

（5）不得对在法定保存期内的资产评估档案非法删改或者销毁。

3.5 评估方法

数据资产评估方法包括数据质量评估方法和数据价值评估方法。

3.5.1 数据质量评估方法

1．模型概述

数据质量评估模型是依据数据质量评估需求、按照数据质量规范、结合业务实际构建的，其整合质量校验、质量分析、质量监控等方面的特性，以保证数据质量评估的有效性。数据质量评估流程主要包括明确数据质量评估维度、数据质量规则定义、数据质量规则库构建、数据质量任务管理和数据质量报告生成（见图 3.2）。

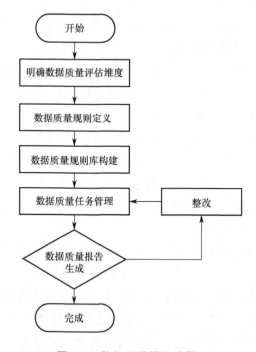

图 3.2 数据质量评估流程

2．明确数据质量评估维度

数据质量评估维度是数据质量的评估标准和定义约束规则的依据，从不同的方面对数据质量进行衡量。GB/T 36344—2018 规定了数据质量评价指标的框架和说明，包括规范性、完整性、准确性、一致性、时效性、可访问性等特性，各指标的名称、描述和计算方法见附录 A，可根据评估业务需要选择相应的评价指标，结合层次分析法、专家打分法等评估方法构建评价模型。

3．数据质量规则定义

数据规则是以语义、语法等限定方式将数据、知识和业务范围进行约束的一种方式。数据规则起源于质、量、形、时这几类规则在关系型数据模型中的作用，可以用这四类规则来判断该数据是否符合一般的评价指标，同时将数据集合和数据元素之间的映射关系，根据数据质量的平衡标准进行描述。数据规则可以用一对多的关系图进行表述，一个数据集合里包含多个数据质量元素，而每个元素也可以包括多个规则，当然一个规则也可以适用于多个元素。

数据质量规则的定义，主要是基于质量评价维度对数据缺陷的识别和分类，做出详细的说明，主要包括以下内容。

1）明确评估指标与类型

基于质量评估维度，根据数据结构和需求，定义可量化的质量评估指标，如完整性的量化评估指标包括字段缺失数、缺失记录覆盖率、计划完成率；准确性的量化评估指标包括准确率、差错率、问题字段个数等。

2）定义规则名称、类型与描述

规则名称：根据数据质量评估的不同实体，定义不同的评估规则名称并编号。

规则类型：根据规则作用范围不同，可分为字段规则、表级规则和表间规则。字段规则校验多列数据质量情况；表级规则校验表内数据质量情况，往往需跨行；表间规则校验多表之间数据质量情况。

规则描述：对规则校验内容进行详细描述，必要时可举例说明。

3）编制质量规则算法及语句

依照规则描述，对具体质量评估对象编写计算方法或公式，并转换为 SQL 语句。

4．数据质量规则库构建

规则库是数据质量模型的核心，是指按照数据评估实体的特性，形成具有针对性的规则集合，从而对不同的数据元素进行不同的质量评估。规则库构建的核心是业务模型的构建，即指根据不同业务需求，确定数据实体需要评估的维度和指标，构建不同的业务模型，并与对应的规则进行关联，以便为类似的数据实体直接提供通用的评估模型。关联后的业务模型可以直接在质量任务页面运行。

5. 数据质量任务管理

质量任务是指对数据实体实施数据质量评估，宜通过数据质量工具或平台创建任务模板，实现对评估任务的设定与管理。

任务模板创建是指将需要评估的数据加入任务模板中，同时根据需要配置相应业务模型、调度时间等。任务模板以质量评估业务模型为基础，按照定义的检查范围和时间，以自动或手工方式完成对数据质量的评估工作。在任务进行过程中违反了数据质量定义的，视为数据质量问题，数据质量问题直接通过数据质量的评估维度和指标反映出来。任务创建的主要内容表现在：对数据评估对象、数据评估频度、数据评估时间、数据评估方式等方面进行控制。

（1）数据评估对象是指根据评估计划设定的待评估数据资产，如专业数据表、数据库实体；

（2）数据评估频度是指根据评估计划或实际发生频度，设定评估执行频率；

（3）数据评估时间是指根据每日生产应用的密集时间及从数据发生到采集入库的密集时间，综合设定一个评估开始执行的时刻；

（4）数据评估方式是指执行评估过程的方式可以由后台过程自动控制，每间隔固定时间自动评估一次；也可以由人工干预手动评估，任意时刻都可以执行评估（尽量选择数据库流量较低的时刻）。

6. 数据质量报告生成

质量评估结果一般分为三个维度：规则执行情况、评估结果数据和综合评估。

规则执行情况是指以字段为最小单位，展示各字段的评估规则、类型及其结果，以便直接定位元数据的规则评估情况。

评估结果数据是指对质量评估结果的汇总分析，一般包括评价字段总数、各评价指标异常字段数、异常比例、符合要求的数据数、高质量数据比例等。

综合评估是指按照业务需求，对各评估指标赋以不同的权重，根据评估任务运行的结果，计算满足各个规则的数据的百分比得分，最后得出数据质量得分。

质量评估任务完成之后，一般通过生成质量报告的方式展现。

3.5.2　数据价值评估方法

在评估实践中，结合具体行业和场景的评估需求，采用适当的量化方法来处理评估对象的评估要素，从而获得合理的评估值。评估方法主要包括成本法、市场法、收益法和综合法等。

选择评估方法时应考虑的要素主要包括评估目的和价值类型、评估对象、评估方法的适用条件、评估方法应用所依据数据的质量和数量、其他因素。

当满足采用不同评估方法的条件时，数据资产评估专业人员应当选择两种或者两种以上的评估方法，通过综合分析形成合理评估结论。当存在下列情形时，数据资产评估专业人员可采用一种评估方法，并在评估报告中进行分析、说明和披露：

（1）基于相关法律、行政法规和财政部门规章的规定可以采用一种评估方法；

（2）由于评估对象仅满足一种评估方法的适用条件而采用一种评估方法；

（3）因资产评估行业通常的执业方式普遍无法排除的操作条件限制而采用一种评估方法。

3.5.2.1　成本法

成本法是指基于以成本费用来衡量的、形成数据资产的劳动过程中所发生的消耗，评估其所体现和对应的价值程度的方法。

1．使用前提

数据资产评估专业人员选择和使用成本法时应考虑的前提条件包括：

（1）评估对象能正常使用或者在用；

（2）评估对象能通过重置途径获得；

（3）评估对象的重置成本及相关贬值能够合理估算；

（4）数据质量能够达到（应用场景下）可接受的基准。

2．要求

数据资产价值评估基于其重置成本，即评估时点要再次获得该资产的成

本，并结合税费和利润等作用因素来进行。成本要素为重置成本构成提供了完整视图。

3．模型

成本法实现模型的公式如下：

$$P = \sum_{i=1}^{n}(C_{i1} + C_{i2} + C_{i3} + C_{i4} + t_i + p_i) \quad\quad (3\text{-}1)$$

式中， P ——待评估数据资产的价值；

C_{i1} ——每个数据集重置规划成本；

C_{i2} ——每个数据集重置建设成本；

C_{i3} ——每个数据集重置维护成本；

C_{i4} ——每个数据集其他重置成本；

n ——数据集的个数；

t_i ——每个数据集流通的税费；

p_i ——每个数据集流通的利润。

3.5.2.2 市场法

市场法是指在具有公开并活跃的交易市场的前提下，选取近期或往期成交的类似参照系价格作为参考，并修正有特异性、个性化的因素，从而得到估值的方法。

1．使用前提

数据资产评估专业人员选择和使用市场法时应考虑的前提条件包括：

（1）评估对象的可比参照物具有公开的市场，以及活跃的交易；

（2）有关交易的必要信息可以获得，如交易价格、交易时间、交易条件等。

2．要求

市场法通常分为筛选和调整两个步骤。

筛选是指在市场上寻找与评估对象相同或相似的参考数据资产或对标交易活动，评估要素为筛选环节提供了对比的维度和依据。数据资产评估专业人员应根据评估对象的特点，选择与评估对象相同或者可比的维度，如交易市场、数量、价值影响因素、交易时间（与评估基准日接近）、交易类型（与评估目的相适合）等，选择正常或可修正为正常交易价格的参照物。

调整是指通过比较评估对象和参考数据资产或对标交易活动来确定调整系数，对价值影响因素和交易条件存在的差异做出合理修正，以取得准确价值。成熟、参照物丰富、交易活动多样的数据市场，有益于数据资产的精益估值。

3．模型

市场法实现模型的公式如下：

$$P = \sum_{i=1}^{n} (\hat{P}_i \times f(X_{i1}) \times g(X_{i2}) \times X_{i3} \times X_{i4}) / n \qquad (3-2)$$

式中，P——待评估数据资产的价值；

$\hat{P}_i$——每个参照数据集的价格；

n——数据集的个数；

$f(X_{i1})$——每个数据集的质量调整系数的经验函数，包括行业经验、应用场景经验等；

$g(X_{i2})$——每个数据集的供求调整系数的经验函数，包括行业经验、应用场景经验等；

X_{i3}——每个数据集的时点调整系数；

X_{i4}——每个数据集的数量调整系数。

X_{i1} 的计算公式如下：

$$X_{i1} = q_i / \hat{q}_i \qquad (3-3)$$

式中，q_i——每个待评估数据集的数据质量评估结果；

$\hat{q}_i$——每个参照数据集的数据质量评估结果。

X_{i2} 的计算公式如下：

$$X_{i2} = s_i / \hat{s}_i \qquad (3-4)$$

式中，s_i——每个待评估数据集的供求指标，由该数据集的两个流通要素相乘获得，即市场规模×稀缺性；

$\hat{s}_i$——每个参照数据集的供求指标，由该数据集的两个流通要素相乘获得。

X_{i3} 的计算公式如下：

$$X_{i3} = t_i / \hat{t}_i \qquad (3-5)$$

式中，t_i——每个待评估数据集所在行业交易时点的居民消费价格指数；

$\hat{t}_i$——每个参照数据集所在行业交易时点的居民消费价格指数。

X_{i4} 的计算公式如下：

$$X_{i4} = Q_i / \hat{Q}_i \qquad (3-6)$$

式中，Q_i——每个待评估数据集的数量，即该数据集的元素数由字段数×记录数获得；

$\hat{Q}_i$ ——每个参照数据集的数量。

3.5.2.3　收益法

收益法是指预计评估对象的预期寿命、选取合理的折现率、将其预期收益折现以确定现值的方法。收益法的假设是数据在未来具备盈利能力、具有内在的固有价值。

1.　使用前提

数据资产评估专业人员选择和使用收益法时应考虑的前提条件包括：

（1）评估对象的未来收益可合理预期并用货币计量；

（2）预期收益所对应的风险（体现为折现率）能够度量；

（3）预期寿命能够确定或合理预期。

综上所述，收益法的使用应具备评估对象的预期收益、折现率和预期寿命三个参数。

2.　要求

数据资产评估专业人员在确定预期收益时应重点关注：

（1）预期收益类型与口径。例如，收入、利润、股利或者现金流量，以及整体资产或者部分权益的收益、税前或者税后收益、名义或者实际收益等。名义收益包括预期的通货膨胀水平，实际收益则会剔除通货膨胀的影响。又如，对于其价值无法通过经济收益衡量的数据资产类型或场景，如公共数据资产，可从社会价值角度评估其价值。

（2）应对收益预测所利用的财务信息和其他相关信息、假设和对评估目的的恰当性进行分析评价。

（3）确定预期获利年限时，应综合自然收益期和合规收益期，考虑评估对象的预期寿命、法律法规和相关合同等子因素，详细预测期的选择应当考虑使评估对象达到稳定收益的期限、周期性等。

（4）折现率不仅要反映资金的时间价值，还应体现与收益类型和评估对象未来经营相关的风险，与所选择的收益类型与口径相匹配。确定折现率时，可综合考虑风险报酬率和无风险报酬率，风险报酬率宜参考相关风险因素。

（5）数据资产的预期经济收益是因数据资产的使用而额外带来的收益，数据资产收益现金流是指全部收益扣除其他资产的贡献后归属于数据资产的现金流。目前，确定数据资产现金流的方法有增量收益、收益分成或者超额收益等方式。确定预期经济收益时，应注意区分并剔除与委托评估的数据资产无关的业务产生的收益，并关注数据资产产品或者服务所属行业的市场规模、市场地位及相关企业的经营情况。

3．模型

收益法实现模型的公式如下：

$$P = \sum_{i=1}^{m}\left(\sum_{t=1}^{n_i} \frac{R_{it}}{(1+r_i)^t} \right) \qquad (3\text{-}7)$$

式中， P——待评估数据资产的价值；

R_{it}——第 i 种应用第 t 年的预期收益；

n_i——第 i 种应用的预期寿命，指待评估数据资产还能产生价值的剩余时间，取自然收益期和合规收益期的最小值；

r_i——折现率，将预计未来收益折算成现值的比率，体现数据资产的财务成本。

1）R_{it} 的估算模型

（1）基于数据的服务或数据产品交易计算 R_{it}。

当商业模式为基于数据的服务或数据产品交易时（如按次收费的图片自动识别、按次收费的数据查询、直接授权第三方使用数据等），数据资产与产权持有人所提供的服务与商品直接相关。此时宜使用超额收益模型估算预期收益。可使用直接估算法或差额法确定预期收益。

直接估算法实现模型的公式如下：

$$R_{it} = [(P_2 Q_2 - C_2 Q_2) - (P_1 Q_1 - C_1 Q_1)] \times (1-T) \qquad (3\text{-}8)$$

式中， R_{it}——第 i 种应用第 t 年的预期收益；

P_1——使用数据资产前的产品价格；

P_2——使用数据资产后的产品价格；

Q_1——使用数据资产前的销售数量；

Q_2——使用数据资产后的销售数量；

C_1——使用数据资产前的单位成本；

C_2——使用数据资产后的单位成本；

T——产权持有人适用所得税税率。

差额法实现模型的公式如下：

$$R_{it} = \text{EBIT}(1-T) - A \times \text{ROA} \qquad (3\text{-}9)$$

式中， R_{it}——第 i 种应用第 t 年的预期收益；

$\text{EBIT}(1-T)$——产权持有人的息前税后利润；

　　A ——产权持有人的资产总额；

　　ROA——行业平均资产回报率。

　　在预测产权持有人的利润时，可采用自上而下与自下而上结合的方法，根据行业周期、竞争环境、政策导向、组织地位、经营历史合理预测财务报表各科目数值，再由各科目数值计算出利润：

　　① 收入方面，应分解到产品销售数量、产品单价、产品种类的粒度。因为基于数据的产品或服务基本没有运输成本，在收入预测时可不必按照地区进行划分。

　　② 成本方面，应分别估计固定成本和可变成本。数据资产的可变成本一般可忽略。

　　（2）利用数据改善自身产品或服务计算 R_{it}。

　　当产权持有人利用数据资产改善自身产品或服务时，数据资产和专利的作用无异，因此宜采用评估专利的分成率法确定预期收益。分成率法可分为销售分成率法和利润分成率法，分别对应数据资产对销售的促进关系和对利润的促进关系。应根据行业特点、历史经验选择与数据资产关系较为稳定的收益计算口径。

　　① 收益测算。应采用自上而下与自下而上结合的方法，对产权持有人的利润表进行预测（包括产品销量、单价、生产成本、制造费用、管理费用、销售费用）。必要时，应对资产负债表进行预测。根据预测结果计算利润/销售额。

　　② 评估对象分成率计算。通过对分成率的取值有影响的各因素（法律因素、技术因素及经济因素）进行评测，确定各因素对分成率的取值的影响程度，再根据由多位专家确定的各因素权重，最终确定分成率。一般采用层次分析法。

　　2）WACC 倒算法计算 r_i

　　当有可比上市公司时，可参照无形资产折现率计算方式，采用 WACC 倒算法计算数据资产折现率，公式如下：

$$r_i = \frac{\text{WACC} - W_c \times R_c - W_f \times R_f}{W_i} \qquad (3\text{-}10)$$

式中，　r_i ——折现率；

　WACC ——加权平均资本成本；

　　W_c ——流动资产权重；

　　R_c ——流动资产投资回报率；

W_f——固定资产权重；

R_f——固定资产投资回报率；

W_i——无形资产权重。

评估过程如下：

① 选取可比上市公司。一般来讲，选取标准包括：至少三年上市历史，近三年盈利，所从事主营业务与评估目的相符，上市公司股价波动与市场指数具有相关性。上市公司数一般选择五家。

② 确定 WACC，公式如下：

$$\text{WACC} = [R_f + \beta(R_m - R_f) + R_s]\frac{E}{E+D} + R_d(1-T)\frac{D}{E+D} \quad (3\text{-}11)$$

式中，WACC——加权平均资本成本；

$\quad\quad R_f$——固定资产投资回报率；

$\quad\quad R_m$——市场收益率；

$\quad\quad R_f$——无风险利率；

$\quad\quad \beta$——风险系数；

$\quad\quad R_s$——产权持有人特殊风险调整，$R_f + \beta(R_m - R_f) + R_s$ 为股权投资回报率；

$\quad\quad T$——适用税率；

$\quad\quad E$——可比公司的股权价值；

$\quad\quad D$——可比公司的付息债务的价值。

采用资本资产定价模型确定股权投资回报率。无风险利率采用最新发行的，到期剩余期限超过十年的国债，根据其票面利率计算其到期收益率；市场收益率根据上市公司所在市场选择沪深 300 指数或标普 500 指数最近十年的几何平均值。公司特殊风险调整只选择规模因素，可根据经验值或回归值计算。

③ 确定无形资产回报率。流动资产数额采用运营资金；固定资产数额采用固定资产账面净值和长期投资账面净值；流动资产投资回报率采取一年期银行平均贷款利率；固定资产投资回报率采取银行五年以上平均贷款利率。

④ 缺乏流动性折扣估算。可采取经验值或使用实物期权法计算可比上市公司流动性折扣后取平均值。

3）累加法计算 r_i

当无法使用可比上市公司倒算无形资产折现率时，应使用累加法计算数据资产的折现率，公式如下：

$$r_i = r_0 + r_{ki} \qquad （3-12）$$

式中，r_0——无风险收益率；

r_{ki}——第 i 种应用的风险收益率。

风险收益率应考虑技术风险、市场风险、竞争风险和管理风险。一般使用层次分析法逐项确定风险。

3.5.2.4 综合法

综合法是由用成本法、市场法和收益法计量的数据资产价值加权获得数据资产价值的方法。

1．要求

选取成本法、市场法和收益法计量数据资产价值的权重系数时，宜综合考虑市场要素和环境要素的影响。

2．模型

综合法实现模型的公式如下：

$$P = \alpha_1 P_1 + \alpha_2 P_2 + \alpha_3 P_3 \qquad （3-13）$$

式中，P——待评估数据资产的价值；

P_1——用成本法计量的数据资产价值；

P_2——用市场法计量的数据资产价值；

P_3——用收益法计量的数据资产价值；

α_1——用成本法计量数据资产价值的权重系数；

α_2——用市场法计量数据资产价值的权重系数；

α_3——用收益法计量数据资产价值的权重系数。

3.6 评估安全

3.6.1 概述

数据资产评估应在人员管理、数据工具管理、评估过程管理和评估任务管理等方面符合下述管理要求。

（1）人员管理：实施数据资产评估的人员应签署保密和数据安全协议。

（2）数据工具管理：必要时应使用工具支撑评估工作，以满足数据资产评估的安全管控需要。

（3）评估过程管理：评估过程管理应涉及数据资产价值评估的规划、申请、执行、归档等全过程，包含组织、制度、规范和技术等全方位的安全，确保流程、操作的规范性和安全性，规避数据在评估过程中的泄露或窃取等风险，确保评估过程被记录、可追溯。

（4）评估任务管理：应对各评估任务进行综合管理，包括对任务相关信息进行记录、分类、存档、考评等。

下面从评估安全体系建设、数据安全管控和评估安全机制建设三个方面细化评估要求要点。

3.6.2　评估安全体系建设

数据资产评估安全体系面向资产评估申请、资产评估执行、资产归档与销毁等过程制定制度与规范，确保流程、操作的规范性和安全性，包括数据资产评估权限体系、数据资产评估审核审批体系、数据资产评估执行控制体系及数据资产评估监控体系。

1. 数据资产评估权限体系

数据资产评估权限体系针对评估任务申请方、评估任务勘察组织、评估任务认定组织、评估任务审批组织及评估任务执行等不同团队的权限体系，规范各团队、成员可接触、访问的数据资产任务及数据资产范围。

2. 数据资产评估审核审批体系

数据资产评估审核审批体系针对不同特性的数据资产评估任务，制定多条线的审核审批流程及流程执行规范，根据数据资产的行业性、评估需求差异、体量差异、勘察结果，执行相应的审核审批流程。

3. 数据资产评估执行控制体系

数据资产评估执行控制体系针对数据资产评估任务执行的过程制定机制与规范，通过对访问权限、数据沙箱、安全策略、操作规范等方面的约束，确保评估任务执行的规范化和安全性。

4. 数据资产评估监控体系

数据资产评估监控体系针对资产评估的申请、勘察、审核、执行过程制定的多层次监控指标及规范，确保数据资产评估全流程的可控、可查、可追溯。

3.6.3　**数据安全管控**

随着企业业务的迅速扩展，企业的重要数据日积月累逐步庞大，如业务系统管理着大量客户信息、生产数据、运营数据。为保障数据资产评估过程中的数据安全，应对业务相关的敏感数据进行安全管理，确保数据的安全性。

1．敏感数据识别管理

通过两种方式识别数据资产中的敏感数据，一是利用爬虫技术分析数据库、文件夹、文件中的数据，分析其中的敏感数据匹配度，以得到敏感数据资产。二是利用日志和流量分析技术，分析应用前台访问日志，进而识别敏感数据。

2．敏感数据模糊化处理

在数据资产评估过程中，按照模糊化规则对敏感信息数据的展现进行模糊化处理，确保低权限账号无法直接查看模糊化前的原始信息。就每个模糊化规则的设定来说，其主要过程包含敏感数据要素分解、关键位置标注及模糊规则定义等内容。

3．敏感数据资产评估监控

正常数据资产评估监控主要包括前台敏感数据资产评估异常监控、后台敏感数据访问异常监控等。监控方式主要采取阈值比对方法，将指定周期内对查询和导出等敏感数据访问操作行为的访问量与阈值进行比对，发现超出阈值的访问情况。

4．敏感数据绕行监控

敏感数据绕行监控主要包括前台敏感数据绕行监控、后台敏感数据绕行监控等。

5．敏感数据审计管理

审计系统对敏感数据访问日志进行采集，并通过相关字段进行关联定位自然人身份、泄露源，以便能够根据泄露内容对泄露事件进行溯源。

6．敏感数据文件夹管控

评估人员维护敏感数据资源文件可通过单点登录管控文件夹的方式直接操作敏感数据源文件，达到敏感数据专人专管，不能随意修改、复制的目的。

数据安全管控的技术手段要求如下：

（1）宜使用数据标记水印技术，实现在各种应用场景下的数据验证、数据权属等认定功能；

（2）宜使用敏感数据脱敏技术，实现敏感数据自动分析与机器学习，具有敏感数据定义知识库、内置敏感数据检测与脱敏引擎、敏感信息分布管理与加密保护等功能；

（3）宜使用区块链交易系统，实现业务安全、数据资产化、交易公证、数据流通管控策略等功能；

（4）宜使用数据防护和数据回收技术，实现平台数据安全防护和数据安全回收。

3.6.4　评估安全机制建设

建立评估安全机制，具体要求如下：

（1）应遵循"谁主管、谁负责"的原则，分级管理、明确职责、各司其职；

（2）应明确评估管理方针，宜采用"预防为主，管理从严"的方针；

（3）应明确管理部门职责，包括制定安全评估机制、开展安全评估教育、落实安全评估措施、督查安全评估工作、发现隐患协调整改；

（4）应建立安全保密教育机制，落实组织、协调对评估安全等相关方面的宣传和教育活动；

（5）应建立保密安全机制，加强评估人员管理，确保评估中接触的涉密测试数据、分析结论、阶段性成果和各种技术文件、设备得到严格管控，任何人不得擅自对外提供资料。

3.7　评估保障

3.7.1　技术保障

技术保障应融合资产评估领域和信息技术领域的系列关键技术和算法模型，构成跨界创新、扩展性强的完整技术体系。技术保障具体要求如下：

（1）应集成并提供多类数据资产评估算法，涵盖常见和基础的数据资产评估模型，对影响数据资产价值的主要因素进行量化处理，最终得到合理的评估值，如基于重置成本的动态博弈法、基于回归算法的市场价值法、基于数据知识图谱的智能关联分析法等；

（2）应使用区块链技术和智能合约技术，保证数据在收发、处理和评估的过程中，不受数据泄露、数据遗失、数据篡改等风险威胁，实现数据资产评估全流程可信、可监控、可追溯；

（3）宜结合知识图谱和人工智能技术，解决数据资产质量评估、市场价值回归分析、数据集聚类及分类、数据集相关性评估等业务问题。

当前，资产评估行业内存在信息、数据来源途径多样，缺乏统一标准的问题，随着信息化技术飞速发展，资产评估与信息化技术的联系越发紧密，而对于数据资产评估更是建立在信息化技术的发展基础之上的，数据资产评估强有力的技术工具就是建立统一、专业的信息标准体系，构建专业数据库和信息系统，以此突破时间、地域限制，规范数据资产评估的信息获取、方法选择、参数修正等标准，并能整合行业内的数据资产评估信息资源，为数据资产评估具体工作提供方便、可靠的评估参考依据。

数据库建设就是为数据资产评估提供科学的信息判断，在其他资产评估中已经形成了如机电产品价格信息数据库、法律法规数据库等基础数据库，而数据资产本身具有数据化信息属性，在进行数据资产评估时数据库建设具有一定的优势。数据资产评估信息化系统就是利用数据库、信息处理、区块链等高新信息技术，结合数据资产评估方法，能够有效收集、处理及分析数据资产评估的数据，并能通过信息系统实现管理部门的有效监管职能。

随着云计算、移动互联网、物联网等新一代信息技术的创新和应用普及，社会信息化程度不断加深，各种统计数据、交互数据、传感数据等迅速被生成。据统计，互联网上的数据量每年增长50%以上，这也是近年来数据资产评估发展的现实条件和基础。所以，对于数据资产评估来说，传统的资产评估技术和工具已无法满足数据资产评估的需要，必须进行数据资产评估技术方法的革新及加入更高水平的信息化处理工具，才能使数据资产评估效率和水平得到提升。

3.7.1.1　数据资产评估核心技术

1．算法模型

数据资产评估体系集成并提供多类数据资产评估算法，涵盖常见和基础的数据资产评估模型和算法，服务于数据资产评估应用，如基于重置成本的动态博弈法、基于回归算法的市场价值法、基于数据知识图谱的智能关联分析法等。通过适宜的数据资产评估模型对影响数据资产价值的主要因素进行量化处理，最终得到合理的评估值。

2．区块链

利用区块链技术对数据的来源、类别进行监测和分析，采用水印标记技术确定数据资产权属关系。建立数据资产安全防护系统，保证数据在收发、处理和评估的过程中，不受数据泄露、数据遗失、数据篡改等风险威胁，保证数据在可信、可监控的范围内进行评估，保证数据在安全的链上进行评估。通过引入数据标记与追踪、区块链与智能合约、加密与防复制、使用环境监测技术，确认数据资产评估报告的唯一性。

3．知识图谱

知识图谱本质上是语义网络，是一种基于图的数据结构，由节点（Point）和边（Edge）组成。在知识图谱里，每个节点表示现实世界中存在的"实体"，每条边为实体与实体之间的"关系"。知识图谱是关系的最有效的表示，是把所有不同种类的信息（Heterogeneous Information）连接在一起而得到的一个关系网络。知识图谱系统的主要目的就是帮助用户从繁杂的文本、数字等信息中获取相关知识，自动化、智能化地构造由与业务相关的各类概念、实体组成的知识网络。知识图谱作为一个相对较新的领域，通过业务数据的关联及全局校验等管理能力，在提高数据质量和数据服务效率方面价值巨大。同时，知识图谱通过业务知识的沉淀、表示、推理等能力，以更合乎人的交流习惯的语义查询方式实现数据智能化服务。知识图谱系统功能包括实体抽取、关系抽取、知识图谱存储、知识表达与推理等。

4．自然语言处理

自然语言处理引擎对数据资产中的文本数据进行词嵌入处理，获取文本的向量特征，用于后续基于文本向量的计算和建模。自然语言处理引擎融合无监督分词、文章特征提取、权重计算、文本相似度计算、词语共现、观点提取、模式提取、语义消歧等技术，对文本深层语义进行处理和理解，从更精细的粒度来解析文本含义，从而提高数据资产的价值。

通过对海量评价数据的自动处理与分析，可得到翔实、可靠的评估打分、正/负面情感倾向。此过程中包含两项关键技术：一是直接针对评估文本的自然语言处理技术，如情感分析技术等；二是针对体现评估效果的数据（如点击率、打分分值）的数据挖掘技术。数据服务层提供自动评估处理服务接口，用户可以接入并对众包的评估数据进行自动处理，快速生成业务、服务的智能评估。

5．机器学习

机器学习用于解决数据资产市场价值回归分析、数据集聚类及分类、数据集相关性评估等业务问题。机器学习对于各类业务数据中的数据特性，如维度、数量、分布等，选择适当的机器学习模型，更好地解决数据资产评估过程中涉及的查询、推荐、评估和辅助决策需求。

6．其他人工智能应用

1）对非结构化数据的采集和关键信息的提取

非结构化数据由于没有固定的数据范式，可从几个已知的属性来构建对标的物的描述，从而形成对标的物结构化的描述。随着自然语言处理、深度学习等人工智能技术的发展与成熟，目前有更多的工具和方法用来处理非结构化数据。

文本数据：如果某个特征可以获取的所有值是有限的（比如性别只有男女两种），就可以非常容易地转化为数值类数据。其他文本类数据可借助自然语言处理相关技术进行获取。

图片数据：目前的深度学习技术相对成熟，包括图片的分类、图片的特征提取等，精度已达到产品可用的成熟度。

音频数据：可通过语音识别转换为文字，最终归结为文本数据的处理。

视频数据：可通过抽帧转换为图片数据来处理。

2）维护元数据，帮助实现元数据的整合

在元数据的迁移和整合过程中，管理好元数据的质量也至关重要。人工智能在元数据质量维护的过程中不是一个"管理者"的角色，而是一个轻量又关键的"技术者"的角色，它将消除在元数据存储或数据字典中重复、不一致的元数据，并通过元数据质量规则设定，提出可靠的质疑阈值。

元数据的整合是在组织范围或在组织外部，采集相关的技术元数据和业务元数据，并将其存储进元数据存储库的过程。此过程在定义存储方式和跟踪机制的基础上，若能通过自动化方式实现将节约更多的人力成本，而人工智能在自动化过程中承担关键节点和优化节点的作用，可以解决诸如质量控制和语义筛选方面的问题。

3）定义数据质量评估规则，提取数据质量评估维度

数据质量改善贯穿于整个数据生命周期的工作过程，从数据源头剔除有问题数据难度较大，其一是因为数据源众多且难以控制数据源的数据质量，其二是因为直接从数据源头达标付出的成本过大。因此，根据业务期望值，应针对性地提升各个业务线上数据流的数据质量。机器学习（如分类学习、函数学习、回归）将通过提取有效的数据质量评估指标，最大化地实现该指标下的数据质量的提升。同时，监督学习、深度学习也将实现对数据清洗和数据质量的效果评估，进而改善转换规则和数据质量评估维度，并随着数据量和业务期望值的逐渐变化，使数据质量提升方案动态更新。

3.7.1.2 数据资产评估相关技术

1. 基于数据目录和血缘追溯的数据资产管理技术

在数据资产交易的过程中，数据资产会被重复使用，分析结果也会被再利用。当某个数据资产发生变化（如失效、禁用、权限变更、隐私泄露等）时，将会涉及一系列的查找和追溯问题，通过交易日志追溯将是一个复杂和漫长的过程，且识别困难、容易发生遗漏。通过研发数据资产目录构建、数据资产交易指纹、数据资产血缘图谱等关键技术，可提供一种快速便捷、无遗漏的数据管理与追踪方式，实现对数据资产交易的管理。

1）数据资产目录构建

针对数据资产行业、业务属性等不同特征进行分级分类，构造可灵活定义的数据目录树，数据资产将依据属性挂接到不同节点中，并将各数据源与数据资产目录树中的各节点进行关联，使更新的数据资产自动匹配到目录节点中，实现数据资产目录的自动化扩展，根据数据资产安全等级设置开放级别，面向不同权限的用户进行开放、使用及交易等。

2）数据资产交易指纹

针对每一次数据资产交易，记录交易所涉及的数据资源、交易时间、关键数据集、分析结果集等数据交易资源，通过 Hash 算法产生数据资产交易指纹，将数据资产交易指纹和数据交易资源进行分离存储，通过数据资产交易指纹可以唯一追查到确定的数据交易。存储方式包括集中存储或分布式存储（如区块链等）。

3）数据资产血缘图谱模型

对数据资产目录中的数据集和数据项、数据交易产生的数据集和数据项等元数据，根据时间序列和关联关系，建立数据资产血统模型，形成父-子关系的树状血缘图谱。图谱中任一节点均可追溯其亲代和子代，从而识别任一数据资产的产生和被利用的数据链，当数据资产发生变化时，能够实时识别其影响的深度和广度，从而加强对数据资产使用的管理。

4）数据资产交易血统溯源

通过建立数据资产血缘图谱，将数据资产交易指纹关联到图谱中，形成多层次的网状结构，任一数据资产均可检索到其本身和子代所关联的数据交易，任一数据交易均可检索到利用其结果集的所有数据交易，使得所有交易不再是孤立的存在，从而实现全面的数据资产管理。

5）基于血缘追溯的权限管控

通过数据资产血缘图谱，在任一数据资产节点建立细粒度的权限控制，从而使得其子代继承其权限和属性，在数据权限实时管控引擎中对数据交易资源访问进行精细的权限控制，避免因数据源头追溯不当而引起的安全问题。

2. 可配置的数据质量修复融合技术

针对单一指标的质量修复方法难以解决数据交易及交易过程中数据来源多样化和应用需求多元化的问题，通过研究可配置的数据质量修复融合方法，在数据质量评估结果的基础上，统一定义数据质量修复策略，针对不同的质量问题，可自适应、动态组合多种质量修复方法，对数据质量进行综合修复。该关键技术主要包括以下三个方面。

1）数据修复策略定义语言

针对数据资产评估过程中出现的各种质量问题，在分析不同质量修复算法特点的基础上，研究基于 XML 的数据质量修复策略定义语言，形成可灵活定义和配置不同数据质量修复算法之间相互协同的配置文件。

2）数据质量修复融合架构

研究可动态组合不同种类数据质量修复算法的灵活架构，主要包括：通过对各种算法的抽象和封装，实现修复算法的模块化；建立数据质量修复的管道过滤器体系结构，将各种算法及算法之间的接口转换作为相对独立、可复用的对象，实现算法模块的动态组合。

3）数据质量修复的多算法融合方法

通过基于启发式和基于规则的方法，根据不同质量修复算法的特点、基于 XML 的数据修复策略配置文件，自动或半自动地选择不同种类的质量修复算法，实现可自适应的多算法融合，综合修复数据评估报告提出的质量问题。

3. 数据脱敏技术

数据脱敏是对各类数据所包含的自然人身份标识、用户基本资料等敏感信息进行模糊化、加扰、加密或转换后（如对身份证号码进行不可逆置换，但仍保持相应格式）形成的无法识别、推算演绎（含逆向推算、枚举推算等），关联分析不出原始用户身份标识等的新数据，这样就可以在数据资产评估环境中安全地使用脱敏后的真实数据集。借助数据脱敏技术，屏蔽敏感信息，并使屏蔽的信息保留其原始数据格式和属性，以确保应用程序在使用脱敏数据的过程中是安全的。

数据脱敏方式包括可恢复与不可恢复两类。可恢复类指脱敏后的数据可以通过一定的方式，恢复成原来的敏感数据，此类脱敏规则主要指各类加解密算法规则。不可恢复类指脱敏后的数据被脱敏的部分使用任何方式都不能恢复，一般可分为替换算法和生成算法两类。

脱敏方案包括静态数据脱敏和动态数据脱敏，区别是：是否在使用敏感数据当时进行脱敏。静态数据脱敏是指对原始数据进行一次脱敏后，结果数据可以多次使用，适合于使用场景比较单一的场合。动态数据脱敏是指在敏感数据显示时，针对不同用户需求，对显示数据进行屏蔽处理的数据脱敏方式，要求系统有安全措施确保用户不能够绕过数据脱敏层次直接接触敏感数据。

1）静态数据脱敏

静态数据脱敏（Static Data Masking，SDM）是保护静态数据中特定数据元素的主要方法，这些"元素"通常包括敏感的数据库列或字段。静态数据脱敏通常用于非生产环境和对数据及时性无要求的应用场景，如软件开发、测试过程中，需要将数据从一个生产数据库复制到一个非生产数据库，在涉及客户安全数据或者一些商业性敏感数据的情况下，为了防止这些敏感数据泄露，在不违反系统规则的条件下，对真实数据进行改造并提供测试使用。身份证号、手机号、卡号、客户号等个人信息都需要进行数据脱敏处理。

静态数据脱敏（见图 3.3）通常是在数据从物理文件加载到测试数据库表时进行的，在敏感数据从生产环境脱敏完毕之后，再在非生产环境中使用。

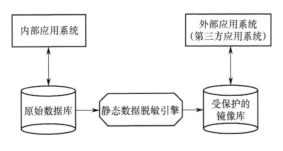

图 3.3 静态数据脱敏

静态数据脱敏为传统的数据脱敏模式，系统需要一次性地从原数据库中导出数据，对这些数据进行脱敏操作，得到脱敏后的数据，脱敏后的数据可以从数据库导出文件，也可以存放于镜像库中，用于测试开发或者对外发布。

静态数据脱敏技术通常维护两份数据，一份数据为原始数据，另一份数据为脱敏后的数据。原始数据用于内部系统的访问，脱敏后的数据可提供给外部应用系统访问。静态数据脱敏的特点是一次性导出计算。在进行脱敏的时候就能够访问所有待脱敏的数据，根据这些数据的数量及其他特点制定最优的脱敏策略，可以达到最小信息损失和最优的脱敏效果。

2）动态数据脱敏

动态数据脱敏（Dynamic Data Masking，DDM）是指对数据进行动态的、实时的脱敏。动态数据脱敏通常用于生产环境，它在用户查询到敏感数据时，在不对原始数据做任何改变的前提下，实时地对敏感数据进行脱敏，并将脱敏后的数据返回给用户。相对而言，动态数据脱敏是更加常见的一种脱敏方式。

动态数据脱敏（见图3.4）是在用户或应用程序实时访问数据的过程中，依据用户角色、职责和其他 IT 定义规则，对敏感数据进行屏蔽、加密、隐藏、审计和封锁敏感数据，确保业务用户、合作伙伴等各角色用户安全访问和使用数据，避免潜在的隐私数据泄露导致的安全风险。

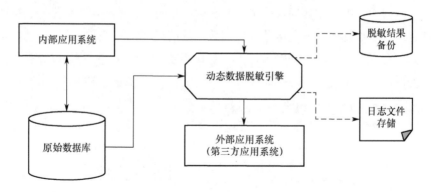

图 3.4　动态数据脱敏

在动态数据脱敏模式下，系统并不存储脱敏后的数据，而是根据数据访问需求与访问者的身份实时地对数据进行脱敏操作。动态数据脱敏模式需要对不同的数据类型设置脱敏规则和脱敏策略，并且也可以根据不同访问者身份设置不同的脱敏粒度，实现对敏感数据的访问权限控制。

动态数据脱敏所使用的数据可以来自内部应用系统，也可以来自原数据库，动态数据脱敏引擎根据外部应用系统的访问需求实时地获取数据并进行脱敏操作，将脱敏后的数据提供给外部应用系统使用。动态数据脱敏通常有两种部署模式，即代理模式和主动服务模式。在代理模式下，外部应用系统按照原有的方式访问企业内部数据，数据脱敏引擎自动地进行脱敏操作，此操作对用户透明，适合部署于现有的 IT 系统上。主动服务模式由动态数据脱敏引擎提供数据服务，用户需要适配对应的接口获取数据，相对于代理模式，主动服务模式开发难度较低。

3.7.1.3　数据资产评估核心算法

1．基于规则元数据的数据质量评价模型

由于数据质量是一个相对的概念，在不同的时期、不同领域，数据质量有着不同的定义和评价标准。针对数据质量种类繁多、形式繁杂等问题，以数据质量约束规则库为基础，研究建立起一套完整、全方位、以规则元数据为基础的数据质量评价模型。

基于规则元数据的数据质量评价体系构建包括五个支撑元模型，分别是数据字典元模型、约束规则元模型、函数扩展元模型、评价元模型及评价结果元模型。

1）数据字典元模型

数据字典元模型中存储了描述实体的元模型数据，包括描述数据库信息的数据源、描述数据表所属专业的信息、描述数据源中表信息的数据表及描述表中字段信息的数据项。

2）约束规则元模型

约束规则元模型中存储了所有的数据质量约束规则，以及规则与实体数据间的关系。在进行数据质量评价时，通过函数扩展元模型在规则元模型中抽取相应的数据质量约束规则，然后计算对应的数据质量各个指标的信息。约束规则元模型中引用的数据质量对象信息都来自数据字典元模型。

3）函数扩展元模型

函数扩展元模型主要包括两部分：质量指标的扩展元模型和约束规则的扩展元模型。通过对这些函数扩展元模型的定义，为以后系统的扩展性提供了必要的元数据支持。

4）评价元模型

评价元模型中存储了用于进行数据质量评价的各个函数信息，数据质量指标、数据质量约束规则和函数之间的映射关系及评价的各个流程信息。评价元模型是评价过程的基础，在数据质量每次评价过程中，为相应的操作调用对应的处理函数、分析对应的数据质量约束规则并实现对应数据质量指标的评价。

5）评价结果元模型

评价结果元模型中存储了数据质量评价指标信息和数据质量评价结果信息。评价结果元模型为用户提供了一个良好的系统展示结果，在每次评价过程中，评价结果元模型都会记录相应数据质量指标信息和记录评价结果的日志信息，包括评价过程中产生的过程信息、违反约束规则的数据信息、运行错误的数据信息等。

2. 基于系列元模型的数据质量评价算法

依据上面定义的评价指标算法，以五个元模型为基础，数据质量评价算法的流程描述如下。

步骤 1：首先以完整性为例，定义完整性约束规则及该约束规则与元模型间的映射关系。

步骤 2：利用步骤 1 的结果，找到与完整性有关的所有表间的关系，找到过滤条件信息。

步骤 3：通过步骤 2 得到的表间关系，遍历整个实体数据库，得到不满足条件的问题数据。

步骤 4：在评价元数据库中获得评价所需要的函数信息、约束规则信息及之间的关系和评价的流程，结合步骤 3 中所得到的问题数据，通过公式计算评价指标的结果，并将其记录到评价结果数据库中。

步骤 5：查看评价结果信息，包括评价进程信息、约束规则日志信息、约束规则错误信息和完整性评价信息，最后利用图形化界面将结果展示出来。

3.7.1.4 数据资产评估相关算法

数据脱敏算法的选择与具体的业务逻辑相关，围绕姓名、证件号、银行账户、金额、日期、住址、电话号码、E-mail 地址、车牌号、企业名称、工商注册号、组织机构代码、纳税人识别号等敏感数据，学术界和业界目前已经研究形成了一系列的成熟算法，比较有代表性的脱敏算法综述如下。

1. 替代算法

替代算法是一种采用伪装数据对原始数据中的敏感内容进行完全替换的方法，所采用的伪装数据具有不可逆性，即不能逆向还原出原始数据，以保障敏感数据的安全性。替代是最常用的数据脱敏方法之一，具体的方法包括常数替代（采用唯一的常数值对敏感数据进行替代）、查表替代（从替代字典中按照一定算法或随机选择进行替代）、参数化替代（以敏感数据作为输入，经过一定的函数映射变换得到脱敏后的数据）等方法。在实际开发中，替代算法的选择需要结合业务需求与算法效率等因素进行考虑。替代算法虽然安全性高，但是替代后的数据往往会失去业务含义，没有任何的分析使用价值。

2. 混洗

混洗是一种通过对敏感数据进行跨行随机互换来打破数据关联关系的脱敏方法。混洗可以在相当大范围内保证部分业务数据信息（如有效数据范围、数据统计特征等）在脱敏后看起来跟原始数据更一致，与此同时也牺牲了一定的安全性。混洗方法通常适用于需要保持数据特征的大数据集合场景下；不适用于小数据集，因为这种情况下混洗形成的目标数据有可能通过其他信息被还原。混洗的效率严重依赖混洗算法，然而高效的混洗算法通常混洗效果并不理想。为了对数据进行混洗，需要拿到所有的数据后才能进行，所以混洗不支持流式的数据处理，这也是传统混洗算法的一大限制。

3. 数值变换

数值变换指对数值或者日期类型的源数据，按照一定的规则随机进行数值抖动（例如，对于数值类型的数据，随机增减 20%；对于日期类型的数据，随机增减几十天）。数值变换的优点在于可以保持原始数据相关统计特征，同时避免准确的敏感数值泄露。目标数据的统计特征和真实度可以结合业务需求通过参数进行调节，适用面广，是常用的脱敏方法。

4. 加密

加密是指采用密码学的方法对原始数据进行加密处理，同时提供对数据还原的能力，可以通过密钥或其他方式获得原数据。常用的加密算法包括 SHA2、SM4、AES、FPE、对称及非对称加密等算法。加密算法由于具有可逆性，所以会导致一定的安全风险（密钥泄露或加密强度不够导致暴力破解）；通常加密强度高的加密算法对计算能力的要求也相对较高，对于大数据集来源会产生很大资源开销；保留格式加密技术能够在保持数据格式的同时对数据进行加密，加密强度相对较弱，是脱敏应用中常用的加密算法。

5. 屏蔽

屏蔽（Mask Out）指用掩饰符号（如"X、*"）对敏感数据的部分内容进行统一替换的一种方法，这种方法能够保持原始数据的大体形态，避免暴露其细节，如部分数据屏蔽、混合屏蔽、确定性屏蔽等。部分数据屏蔽将原数据中部分或全部内容，用"*"或"#"等字符进行替换，遮盖部分或全部原文；混合屏蔽将相关的列作为一个组进行屏蔽，以保证这些相关列中被屏蔽的数据保持同样的关系，如城市、省、邮编在屏蔽后保持一致；确定性屏蔽确保在运行屏蔽后生成可重复的屏蔽值，可确保特定的值（如客户号、身份证号码、银行卡号）在所有数据库中屏蔽为同一个值。

6. 空值插入/删除

空值插入/删除是一种删除敏感数据或将其置为空值的方法，也是最简单的一种脱敏方法。

7. 乱序

乱序是指对敏感数据列的值进行重新随机分布，混淆原有值和其他字段的联系，这种方法不影响原有数据的统计特性，如该列总金额与原数据无异。

8. 可逆脱敏

可逆脱敏确保脱敏后的数据可还原，便于将第三方分析机构和内部经分团队基于脱敏后数据的分析结果还原为业务数据。

3.7.2 平台保障

平台保障应将数据资产评估框架和评估方法、流程等通过软件系统来固化、落地和验证，为评估工作的申请与执行提供规范、可靠、智能的工具和环境支持。平台保障具体要求如下：

（1）应支撑数据资产登记工作，包括对数据资产登记申请、受理、审核、登簿、发证等登记工作的流程管理，相关操作的自动化辅助，工作协同支持和日志管理等；

（2）应支撑数据资产评估工作，具备数据资产评估流程监管、质量评估监管、价值评估监管、评估模型监管、评估安全管理和评估报告管理能力。

1. 数据资产评估流程监管

数据资产评估流程监管贯穿资产拥有方发起评估申请，评估机构进行可行性认定、多层级评估任务执行，以及分派评估团队等过程，应当提供在线的审核审批能力，支持数据资产评估任务申请、多因素多层次审批的监管。

2. 数据资产质量评估监管

数据资产质量评估监管是指对数据完整性、准确性、有效性、时效性、一致性等数据质量维度的评估监管，需具备监管在线质量评估工具、控件化、参数可配置、量化评估结果等能力，支持多任务并行处理与可视化监管能力；需指定质量评估量化评判与处理的规范，并依据数据资产质量的差异，执行不同的处理。

（1）数据资产质量极差：不具备流通、开放的价值，暂停数据资产评估任务，由资产拥有方优化后再度评估。

（2）数据资产质量较差及一般：可进行流通、开放使用，评估结果作为资产价值评估的依据。

（3）数据资产质量较优：具有较高的商业及研究价值，推荐对外流通、开放，评估结果作为资产价值评估的依据。

3．数据资产价值评估监管

数据资产价值评估是指针对数据资产的基本信息，包括行业领域、数据体量、鲜活度、稀缺度、数据质量等特性，通过成本法、收益法、市场法等数据资产价值评估模型，进行资产商业价值和研究价值的量化过程。数据资产价值评估需参考价值评估模型，并具备数据定价能力。

（1）数据资产价值评估模型：应当集成成本法、收益法、市场法等通用数据资产价值评估模型，提供可视化前台配置、执行能力，并提供在线管理、调度能力，用于在线进行数据资产价值评估，提升数据资产评估效率。

（2）数据资产评估定价：应当建立数据资产价值评估策略与规范，围绕数据体量、数据结构、鲜活度、稀缺度等，量化资产价值，并提供在线价值量化工具。

4．数据资产评估沙箱监管

数据资产评估沙箱是指针对每一例数据资产评估任务，提供独立的数据资产评估沙箱空间，支持对数据资产评估模型、质量评估、价值评估等工具的调用，一方面保障数据资产评估任务的独立性、隐私性；另一方面通过对沙箱权限的监管，保障数据资产评估过程中的数据安全性。

5．数据资产评估监控与审计监管

数据资产评估过程是指对评估任务过程的监控、分析，应当具备对人员动态、数据动态的多维度监控分析能力，用于加强评估任务规范化、安全性管理。

6．数据资产评估报告监管

数据资产评估机构在执行资产评估任务后，需出具具有行业权威性的报告，详细描述数据资产的质量、价值及分析依据，并对资产商业价值提出定价建议及依据。

3.7.2.1 数据资产评估平台

1. 数据资产评估平台的定位

数据资产评估是数据资产管理的重要组成部分。数据资产的研究主要源于信息技术（Information Technology，IT）服务和大数据两个体系。一方面，在 IT 服务管理、IT 治理等基础上开展数据治理相关研究；另一方面，在大数据参考架构、大数据技术、产品等基础上推进数据交易流通、数据开放共享的研究。近年来，信息技术服务和大数据两个技术体系在数据治理与数据资产方向的研究逐渐融合。

数据资产与数据治理、数据开放共享、数据流通交易等有着紧密的联系。数据资产是经过治理的有价值数据，具有资产的属性，数据资产的管理需要参考和引用数据治理理论。数据治理有助于数据的融合应用、开放共享、资产化运营管理。在数据要素（见图 3.5）的基础上，数据资产管理更强调其资产视角，重点关注其成本、定价、收益、价值等维度，数据资产的标准化更加有益于交易流通。

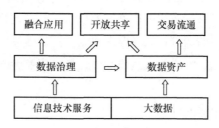

图 3.5　数据要素

上述技术体系的关系，决定着大数据平台、数据治理平台、数据资产管理平台、数据资产评估平台之间的关系，尤其是数据资产评估的工具和平台在其中的定位问题。从数据资产管理的视角，上述工具和平台均可统称为数据资产管理实施工具。

从阶段来看，数据资产管理实施工具的技术路线（见图 3.6）可以分为初级、中级和高级三个阶段，不同阶段的工作、目标及实施内容不同。目前数据资产管理工作刚开始，尚处于初级阶段。

（1）初级治理：数据质量治理。通过开展元数据、数据标准、数据质量、元数据质量治理技术，提炼数据，提升数据质量，形成数据资产治理"原料"。

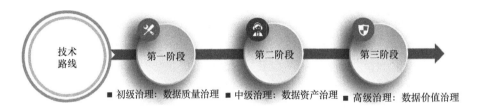

■ 初级治理：数据质量治理　■ 中级治理：数据资产治理　■ 高级治理：数据价值治理

图 3.6　数据资产管理实施工具的技术路线

（2）中级治理：数据资产治理。通过应用数据安全、合规、共享、管控等治理技术，加工数据治理"原材料"，形成数据资产，并具有可流通、可交易等数据资产商品属性。

（3）高级治理：数据价值治理。通过数据交易、服务、洞察和模式创新等治理技术，促进数据流通，产生数据价值。

从实践上看，数据资产管理实施以平台治理为抓手，以大数据平台为对象，以数据管理、共享为核心，统筹面向组织的数据治理、数据应用、数据资产管理的统一应用平台建设，将组织、制度、管控、流程等治理要素融合到平台中。目前，新一代大数据平台都已经开始集成大数据治理、数据资产管理（含评估）的技术和功能模块。数据资产管理的统一应用平台如图 3.7 所示。

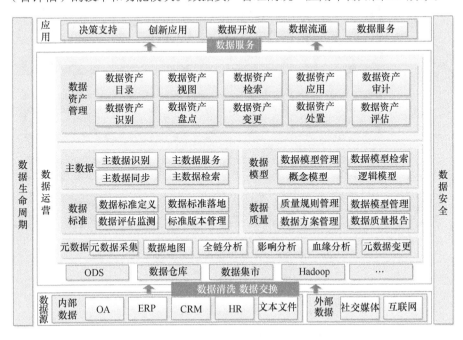

图 3.7　数据资产管理的统一应用平台

2．数据资产评估的功能要求

1）数据资产登记及目录管理

数据资产登记的功能包括：定义数据源、连接数据源、采集数据，组成数据集，定义数据集的各类属性，产生数据资产并登记到数据目录中。

数据资产目录管理应满足的具体要求包括：

（1）建立数据资产目录，记录数据资产信息要素；

（2）建立数据资产目录管理的权限、版本和发布等控制机制；

（3）结合数据资产其他管理过程的实施，保障数据资产目录信息及时有效。

2）数据质量评估与管理

数据质量评估与管理以数据标准为数据检核依据，以元数据为数据检核对象，通过向导化、可视化等简易操作手段，将质量评估、质量检核、质量整改与质量报告等工作环节进行流程整合，形成完整的数据质量管理闭环。数据质量评估与管理如图 3.8 所示。

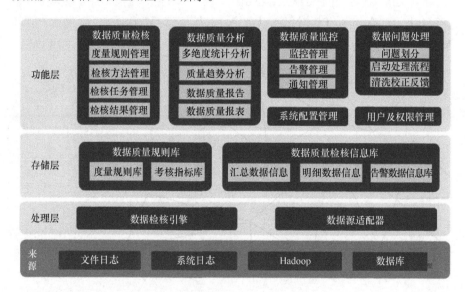

图 3.8 数据质量评估与管理

3）评估方法管理

评估方法管理包含对评估方法的管理和对专家的管理。

对评估方法的管理包括市场法算法及参数管理、层次分析法算法及参数管理、收益法算法及参数管理和成本法算法及参数管理。

对专家的管理包括专家个人信息管理和专家领域信息管理。

4）评估过程管理

评估过程管理包括评估发起人员登录、选择待评估资产、选择评估方法、选择专家、提交评估和查询结果等。

（1）层次分析法评估。

层次分析法评估包括建立评价指标体系、设定权重、设定评分标准和专家评分、浏览和详情查看功能等。

评价指标体系作为工具，供专家参考对系统工作的完整性、正确性、一致性、重复性进行检测，专家登录后可以对各项指标进行打分，专家的打分依既定机制取值，并得到最终分数。通过浏览和详情查看功能可查看数据资产评估结果和各位专家打分详情。

（2）市场法评估。

市场法评估包括：

① 设定资产属性：在资产登记模块实现。

② 选择对标的数据资产：筛选合适的对标数据资产，可根据同一类型、同一用途等多个属性来筛选。

③ 设定和调整参数：由专家操作。

④ 根据参数进行市场法评估：由系统根据市场法评估的算法来评估出结果。

⑤ 评估结果和中间过程的查看。

（3）收益法评估。

收益法评估包括：

① 查看数据资产对象：专家可以查看权限内需要评估（已提交）的选择本方法的数据资产。

② 设置参数：通过专家评估，设置数据资产收益法关键指标参数，包括预期未来收益（R_t）、剩余经济寿命（n）、折现率（r）。

③ 根据参数进行收益法评估：系统根据收益法算法自动计算。

④ 浏览和详情查看功能：查看数据资产评估结果，以及专家收益法关键指标评估情况。

（4）成本法评估。

成本法评估包括：

① 采集数据资产属性：由数据资产所有者填写，或者所有者提供信息，资产登记人员录入，包括各类成本数据。

② 数据参数设定（专家评定）：根据生产单位、专家建议、总结数据等设置各个参数。

③ 估算（系统处理）：在系统中实现所设计的评估模型和算法。

④ 评价结果：显示产品最终统计的计算结果。

5）系统管理

系统管理支撑整个系统的安全和权限等，提供整个系统的模块管理、角色管理、权限管理、字典管理等。

（1）数据访问安全：定义数据服务共享的数据字段、数据内容、转化策略、数据加密、数据查询条件。

（2）数据脱敏：对生产系统中敏感信息通过脱敏规则进行数据的变形，实现敏感隐私数据的可靠保护。

（3）隐私规则：根据数据的业务属性，对数据进行分类，对不同类别的数据制定相应的隐私规则。

（4）服务接入控制：通过数据提供者提供的安全授权信息访问数据服务，数据提供者对数据访问实施身份鉴定和访问控制等。

（5）数据授权：根据安全策略制定用户或应用可以访问而且只能访问自己被授权的数据。

3.7.2.2　数据资产相关平台

数据资产相关平台包括数据资产管理平台、数据资产登记平台、数据资产运营平台等。

数据资产管理平台应从技术架构、建设方案、访问接口、技术要求、测试要求等方面对数据资产管理的相关技术产品和管理平台进行规范，明确功能性、非功能性和标准依从性等要求，针对大数据的特性提供自动化、智能化的技术保障和支撑。

数据资产登记平台支撑数据资产登记机构的工作，功能应包括：对数据资产登记申请、受理、审核、登簿、发证等登记工作的流程管理，相关操作的自动化辅助，工作协同支持和日志管理等，能够记录数据的权属信息和交易属性等。

数据资产运营平台面向数据资产交易流通、数据资产证券化、数据资产抵押贷款、数据资产投资入股等潜在的运营模式，对各类模式下数据资产运营的增值能力、安全管控能力、审计追溯能力、绩效评价能力等能力构建提供技术支撑。

3.7.3　制度保障

制度保障应对数据资产评估的制度规范、技术保障和认证体系进行完善，规范数据资产流通行为，防范数据滥用。制度保障具体要求如下：

（1）应建立评估的管理制度，并持续改进；

（2）应明确评估流程、标准及规范；

（3）应明确评估专业人员的能力要求，并建立能力考核机制；

（4）应明确评估成果的范围、内容和形式。

第 4 章

数据资产评估生态构建

4.1 数据资产评估的战略目标

数据资产评估的战略目标是促进数据资产化，建立数据资产评估体系，推动数据资产的流通与交易。

一是数据资产化：通过数据资产评估，解决数据运营类企业估值难问题，使数据成为与其他资产一样具备价值性的资产，能够提升企业的竞争力，挖掘企业投融资潜能。全球企业越来越关注数据资产带来的机会或者冲击，对于拥有大量数据资产的企业来说，数据资产评估使得在数据资产方面的投入有了更多的价值变现方式。依据大数据行业调研，北美和欧洲 400 多家大型企业（年营业额高于 5 亿美元）中，大约 60%的企业在数据资产方面进行投资，希望能够带来显著的收益。

二是建立数据资产评估体系：通过建立数据资产管理与增值服务体系、完善数据资产评估技术规范和业务运营规范，实现对数据资产的准确定价，指导、规范数据资产评估中心开展评估业务，促进数据资产交易体系健康发展。同时，推动数据资产管理、评估技术、业务运营模式向数字资产管理、评估技术、业务运营模式演进，推进数字资产交易。

三是数据资产的流通与交易：通过数据资产评估促进资产数据交易与流通，打破行业信息壁垒，提高生产效率，推进产业创新，使数据资产价值得到释放。并且，数据资产评估业务将支撑数据资产评估行业的发展，促进数字经济发展，不断催生新产业、新业态、新模式，进而推进数字产业化。同时，数据资产评估也能促进企业或组织之间进行交换、交易、合作等方式的数据资产流通。

4.2　数据资产评估的建设模式

数据资产评估模式主要依托大数据、区块链、人工智能、知识图谱等信息技术，构建数据资产评估平台，开展数据资产登记、数据资产确权、数据资产评估、数据资产审计、数据资产上链、数据资产流通应用、数据资产金融等服务，推动数据资产化、商业化及证券化，进而建立数据资产全生命期周期服务生态圈。

数据资产全生命周期服务生态圈由数据资产管理类、数据资产评估类、数据资产服务类和行业监管类机构组成。数据资产管理类机构主要包括数据资产供给方、数据资产需求方和第三方数据资产委托管理机构，进行数据资产管理；数据资产评估类机构主要包括数据资产评估机构、会计师事务所和律师事务所，提供数据资产评估服务；数据资产服务类机构主要包括数据治理服务、数据流通应用服务和数据金融服务等机构；行业监管类机构主要包括数据资产评估管理机构和数据资产登记机构，工作职责是进行数据资产登记和评估行为监管（见图 4.1）。

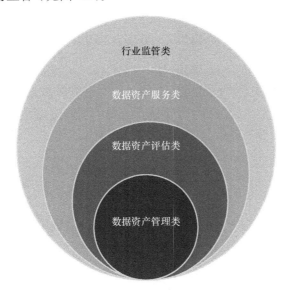

图 4.1　数据资产全生命周期服务生态圈

数据资产需求方是指购买数据资产的政府部门、企业及个人等，需要数据资产价格与价值一致；数据资产供给方是指出售数据资产的政府部门、企业及个人等，通过数据资产出售获得收益；数据资产评估管理机构是认定与管理数据资产评估机构和评估人员的组织，规范数据资产评估业务，确保数据资产评估机构和评估人员服务专业；数据资产评估类机构是开展数据资产评估业务的组织，评估数据资产价值，保证数据资产价值评估的科学性、客观性和公正性，促进数据资产化；数据资产服务类机构是以数据资产为对象提供相关服务的组织，包括数据治理服务、数据流通应用服务和数据金融服务等机构；数据资产登记机构是开展数据资产登记业务的组织，对数据资产进行登记备案，保障数据资产权益。

4.2.1　行业监管类机构

行业监管类机构包括数据资产评估管理机构和数据资产登记机构，分别行使数据资产评估和登记的监管职责。

4.2.1.1　数据资产评估管理机构

为了规范数据资产评估行业、管理数据资产评估市场，设立数据资产评估管理机构。数据资产评估管理机构承担制定数据资产评估相关管理文件、认定数据资产评估机构和评估人员、对数据资产评估活动实施监督和检查、组织实施数据资产评估相关活动等监管职能。

数据资产评估管理机构通过制定数据资产评估行业规章制度，实施监管职责。

一是制定数据资产评估管理办法，明确并规范数据资产评估活动范围、数据资产评估机构身份、数据资产评估人员身份、数据资产评估单位申请条件、数据资产评估程序、证书管理、监督管理及投诉、申诉和罚则等内容。

二是制定数据资产评估机构认定管理办法，明确数据资产评估机构类型、职责、申请条件、认定程序、监督管理等具体内容。其中，数据资产评估机构认定的基本条件包括具有独立法人地位，有固定的办公场所和必要的设备设施，拥有一定数量数据资产评估领域的评估人员，已建立质量管理体系并有效运行，建立评估人员的能力评价体系和内部考核评定机制。

三是制定数据资产评估师认定管理办法，明确数据资产评估人员类型、职责、申请条件、认定程序、监督管理等具体内容。

四是制定数据资产评估规范，明确数据资产评估申请单位、评估机构、评估人员在数据资产评估活动中的职责，明确评估前准备程序、评估实施程序、评估中的监督管理等内容。

五是制定数据资产评估实施细则或指南，规范指导数据资产评估业务开展。

4.2.1.2　数据资产登记机构

数据资产登记是指经权利人或利害关系人申请，由国家专职部门将有关数据资产及其变动事项记载于数据资产登记簿的事实。数据资产登记机构的主要工作目标是通过对政府、行业和企业提供数据资产登记、数据资产确权等服务，对数据及其属性信息进行维护和管理，实现对数据资产流通过程中的生命周期各个业务环节的管理，规范数据资产管理过程，形成归属清晰、权责明确、监管有效的数据产权制度。详细如下：

一是针对数据资产登记的申请、受理、审核、登簿、发证等工作，不仅将各自建设、管理、使用的政府数据资产进行登记，并统一汇集，还为各企业提供登记服务，助力企业进行数据资产增值、保值及金融化。

二是对数据所有权、数据管理权、数据使用权和数据收益权等的规则化明确。围绕个人数据、企业数据、公共数据，明确使用者与提供者之间的数据权属关系，明确各权利主体的权利边界。对市场流通数据进行合规审查，明确可交易的数据类型，以及禁止交易、限制交易的数据类型，以法律制度的方式明晰其产权归属。

为了开展数据资产登记、数据资产确权等服务，数据资产登记机构的主要业务范围包括以下几个方面。

1．数据资产登记

对数据所有权、管理权、使用权和收益权等进行首次登记、变更登记、转移登记、注销登记等具体登记事务。

2．数据资产登记证挂失、补发及换发权证

数据资产登记权属证书或者数据资产登记证明丢失的，当事人可以向数据资产登记机构挂失并申请补办。符合换发条件的，登记机构应当予以换发，并收回原数据资产登记权属证书或者数据资产登记证明。

3．数据资产交易合同备案

包括数据资产交易合同（纸介）登记备案、数据资产交易合同登记备案变更、数据资产交易合同登记备案注销等事务。

4．数据资产权属争议的处理

关于数据资产所有权、管理权、使用权和收益权等争议，由当事人协商解决；协商不成的，可向人民法院起诉。在数据资产所有权和使用权争议解决前，任何一方不得对现有数据资产进行任何处置。

5．实施数据资产管理法律、法规活动监督检查

贯彻执行中央、省、市有关数据资产管理的法律法规、规章和政策，拟订并组织实施有关数据资产管理的地方性法规、规章和政策等。

4.2.2　数据资产评估类机构

数据资产评估类机构包括数据资产评估机构、会计师事务所和律师事务所等，主要开展数据资产评估业务。

数据资产评估机构负责具体实施数据资产评估工作，履行受理评估申请、选派评估人员、组建评估组、编制并管理评估计划、监督评估组评估质量、组织评估材料内部技术评审、出具报告、向管理机构上报申请及评估材料等职责。

数据资产评估机构在认定的业务领域、能力水平、地域范围内接受申请单位的评估委托，并遵循公平、公正、客观的原则从事评估活动；数据资产评估机构应建立健全培训和考核制度，确保评估人员具备相应的能力，且持续满足评估活动的要求；评估机构应每年就其评估活动的规范性和评估能力的可持续性自检一次，并向评估管理机构提交自查报告；评估机构及其评估人员不得从事可能影响评估公正性的活动。

4.2.3　数据资产服务类机构

数据资产服务类机构包括数据治理服务、数据流通应用服务和数据金融服务等机构，主要开展数据资产相关增值服务业务。以下详细介绍数据资产交易机构的服务。

数据资产交易机构主要通过构建数据资产交易系统，以线上与线下相互结合的方式，撮合客户进行数据资产交易，促进数据流通，同时，定期对数据资产供需双方进行评估，规范数据资产交易行为，维护数据资产交易市场秩序，保护数据资产交易各方合法权益，提供完整的数据资产交易、结算、交付、安全保障、数据资产管理和融资等综合配套服务。

1．服务模式

数据资产交易平台为"互联网+数据资产"在行业垂直市场领域提供数据资产交易、算法交易及数据资产分析、数据资产定价及采购、数据金融化、交易监管等综合服务。

1）数据资产交易中心

数据资产交易中心是指通过开放的应用程序接口（API）进行数据录入、检索、调用，为政府机构、科研单位、企业乃至个人提供数据资产交易和使用的场所。在确保数据不涉及个人隐私、不危害国家安全，同时获得数据所有方授权的情况下，为数据所有者提供数据资产变现的渠道，为数据资产使用者提供丰富的数据资产来源和数据资产应用。在确保合理合规的基础上打破"数据孤岛"，盘活"数据资产"，实现产业转型升级。

2）数据资产定价中心

以数据资产交易实践为依托，通过研究数据资产定价模型，建立数据资产价格指数体系，建立数据资产定价机制，推动数据资产交易、应用和数据资产评估的融合发展。

3）数据资产服务中心

发挥数据资产质量认证、数据资产格式标准化、数据资产金融工具等的作用，为数据资产提供数据治理、数据分析应用、数据期货、数据融资和数据质押等服务业务，建立交易双方数据资产的信用评估体系，增加数据资产交易的流量，加快数据资产价值流通。

2. 交易方式

数据资产的交易方式包括供给方发起交易、需求方发起交易和算法交易等多种形式。

1）供给方发起交易

数据资产供给方发起交易包括 API 数据接口、终端数据、搜索引擎数据、公共网站数据、政府数据等交易方式，以及提供"互联网+智能设备"下的数据交易，并且通过交易平台提供授权下的"批发和零售"数据合法买卖和交易监督。

2）需求方发起交易

数据资产需求方发起交易是一种"B2C+众筹"的数据资产采集方式。数据资产需求方提供数据资产格式、维度、样式及每条数据的价格，在网上发起邀约。数据资产供给方按照需求方提供的网址或数据终端上传数据获取收益。各类参与主体均可注册并上传数据信息，发布需求；由平台通过大数据技术进行计算和匹配，实时寻找数据流转变现的各类渠道，从而达到融合和盘活各类数据资产，实现数据资产价值最大化。

3）算法交易

利用大数据、人工智能技术挖掘出的算法是隐藏在数据下的各类数据间的关联关系，每种被掩盖的关联关系都可能在商业模式创新下开拓出广阔的新业务。算法交易就是把这种关联关系隐含的核心商业价值通过交易场所进行变现和转换。

3. 业务范围

业务范围包括数据资产交易服务、数据资产价值评估服务、数据资产咨询服务、数据资产交易征信认证服务及数据资产投融资服务等。

4.2.4 数据资产管理类机构

数据资产管理类机构包括数据资产供给方、数据资产需求方和第三方数据资产委托管理机构。其中，数据资产供给方通过数据资产自主管理，实现数据资产保值增值；数据资产需求方通过对购置的数据资产进行自主管理，实现数据资产应用增值；第三方数据资产委托管理机构通过签订委托协议，开展数据资产委托管理。

4.3 数据资产评估的运营模式

数据资产评估的运营模式采用"1 个评估监管机构+M 个评估机构+n 个服务机构"的市场化运作模式。

以数据资产评估监管机构为准绳：数据资产评估监管机构制定数据资产评估行业规章制度与认定数据资产评估机构，对数据资产评估市场进行监管，保障数据资产评估的科学性、公正性、权威性和客观性。

以数据资产评估机构为核心：数据资产评估机构遵循公平、公正、客观的原则，采用科学的数据资产评估方法，对政府和企业的数据资产价值进行公正评估。

以数据资产服务机构为延伸：数据资产服务机构通过市场化运作实现数据资产的保值增值，构建数据要素市场化机制，推动数据价值流通应用。

4.4 数据资产评估的商业模式

数据资产评估的商业模式主要采用平台型商业模式，以线上与线下相结合的方式为政府、企业及个人客户提供数据质量评价、数据价值评价、数据资产评估三类服务，以及前置的数据资产管理服务和衍生的数据资产增值服务，以获得商业收益。数据资产评估价值链如图 4.2 所示。

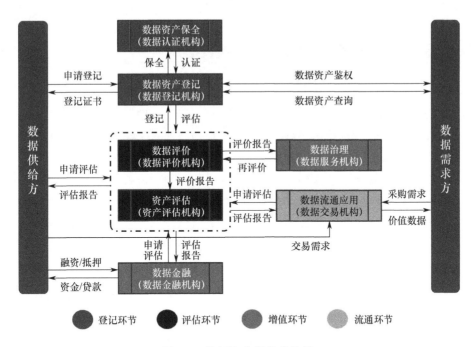

图 4.2　数据资产评估价值链

　　数据资产评估的商业模式创新注重制度体系建设、交易市场建设及安全保障方面。

　　在制度体系建设方面，完善数据资产评估相关制度规范、技术保障和认证体系，规范数据资产流通行为，防范数据滥用，逐步建立领先的数据评估市场体系、标准化体系和监管体系。同时，完善数据资产的认定、评估、司法、会计、审计、税收的生态环境建设，保障数据资产流通交易，确保流通环节的数据资产真实、完整和可用。

　　在交易市场建设方面，由于数据资产评估的参与主体涉及买卖双方与市场专业服务，在与传统产业相互渗透的过程中，目前没有可参照的商业模式，需要创新商业模式。其中，数据资产评估的专业服务涉及多个市场主体，如专业的会计机构、法律服务机构、审计机构等。市场参与主体为了推进数据资产交易流通，引导培育大数据公开交易市场，试点开展面向场景的数据衍生产品（服务）交易，鼓励产业链各环节市场主体进行数据资产的交换和交易。

　　在安全保障方面，在数据资产评估过程中，保护参与方的数据不被过度访问，且形成合作结果后原始数据中的隐私信息不会被参与方泄露，这需要数据安全服务商提供专业的服务。

4.5　数据资产评估的保障措施

围绕数据共享或交易等流通活动，从技术层面来讲，需要建立相应的流通机制，需要具备完善的保障体系，如服务保障、管理保障、技术保障等。从技术保障来讲，使用区块链技术和智能合约技术建立数据资产安全防护系统，保证数据在收发、处理和评估的过程中，不受数据泄露、数据遗失、数据篡改等风险威胁，实现数据资产评估全流程可信、可监控、可追溯。

一是数据资产实现流通和增值的前提是数据资产得到多方面的严格审计，包括数据验真、数据保障、数据调查和风险评估，同时，数据资产权利人的各项权利得到保障。其中，数据资产流通与增值管控系统可以满足用户对数据安全接入、加密存储、数据挖掘的合约管控、数据产品交付等过程中的数据资产防护需求，保障数据资产权属、资产合法使用等价值，以及文件全生命周期追溯。同时，数据资产流通与增值管控系统提供数据应用过程跟踪、数据泄露分析与回溯，对于部门间数据发放与安全工作检查具有重要作用。

二是数据资产评估平台作为在线平台，数据资产安全性保障是一个重要的领域。区块链平台通过数据防护、内容安全等国际先进的核心安全技术，除了给平台自身增防加固，还对外提供水印、脱敏、区块链交易、数据防护与回收等安全能力，贯穿数据接入、汇集、存储、分析、导出外发、回收等数据的全生命周期。数据资产评估平台建设从数据标记水印系统、敏感数据脱敏系统、区块链交易系统、平台数据防护系统与数据回收系统五大系统层面保障数据资产评估平台的安全防护。其中，数据标记水印系统实现在各种应用场景下的数据验证、数据权属等认定功能。敏感数据脱敏系统实现敏感数据自动分析与机器学习，具有敏感数据定义知识库、内置敏感数据检测与脱敏引擎、敏感信息分布管理与加密保护等功能。区块链交易系统实现业务安全、数据资产化、交易公证、数据流通管控策略等功能。平台数据防护系统和数据回收系统实现平台数据安全防护和数据安全回收。

第5章

展望

进入新时代的中国，正处于推进治理现代化和以新一代信息技术为代表的科技革命交汇期，数字经济高速发展，对政府的服务与治理提出了新的挑战。数字技术高速发展引发的产业革命，为各国经济社会的发展带来了"突围"的机遇。用数据智能赋能治理现代化，这是新一代信息技术给世界各国带来的新机遇。

党的十九届四中全会提出，"健全劳动、资本、土地、知识、技术、管理、数据等生产要素由市场评价贡献、按贡献决定报酬的机制。"这是党中央首次提出将数据作为生产要素参与收益分配，这一重大的理论创新体现了社会主义基本经济制度在数字经济浪潮下的与时俱进，彰显了数据资产作为新生产要素从投入阶段发展到产出和分配阶段的战略价值，标志着我国正式进入数字经济红利大规模释放的时代。

将数据纳入参与分配的生产要素，是国家大数据战略的重大动向和创新，将对数字经济发展和数字化转型起导向作用，指引各行业和领域更加重视数据要素，影响作为劳动力和产权人双重角色的个人生活和发展，创新数据资产评估产业生态，推动社会与经济进步。同时，将数据资产列入财务报表、数据资产评估、数据交易、投资转让、融资贷款等经济行为及其相关准则的探索和规范，将推动数据的资产性在生产要素层面、资产评估层面和审计层面的进一步确立，推动数据确权等相关立法，使数据资产化日臻完善。

5.1 国家大数据战略、数字经济、数字化转型

数字经济涵盖的范围可从三个层面来看。数字经济的内核部分是信息和通信技术；狭义的数字经济主要包括对数据和信息技术的应用所带来的新型商业模式，如电商等平台经济、应用服务、共享经济等；广义的数字经济几

乎涉及所有的经济活动，如传统行业和商业模式的数字化转型。数字经济已成为影响中国经济未来十年发展的重要性因素，其作用机理和逻辑主要体现在影响经济发展格局、重塑全球竞争力和国际贸易态势、促进在金融周期下半场进行调整和重构经济指标体系等方面。

5.1.1　数字经济影响经济发展格局

经济发展指一个国家或者地区按人口的实际平均福利增长过程，它不仅是财富和经济体的"量"的增加和扩张，还意味着其在"质"的方面的变化，即经济结构与社会结构的创新、社会生活质量和投入产出效益的提高。

数据资产可通过平台整合、流程优化、经营升级、产融结合、业态创新等应用模式影响经济发展。广义的数字经济影响了传统行业的效率和结构。例如，大数据应用和平台经济降低了信息不对称性，产品和服务的价格透明益于优质企业脱颖而出，提升了行业集中度。狭义的数字经济作用体现得更为明显和直接。相较于土地、劳动力等生产要素，数据资产使用的排他性小。一方面，非竞争性带来的规模经济对边际成本的降低可以至零，使得跨产品补贴甚至免费服务成为可能。固定成本重要性下降，可变成本重要性上升，灵活性增加有利于中小企业发展，如云服务引发企业 IT 成本投入的变革。另一方面，非竞争性同时带来了供给侧和需求侧的规模经济，商业模式从传统的单边市场服务模式演变为网络化经济生态模式，市场的体量和规模发生了前所未有的变化。

因此，在中国进入人口老龄化和金融周期下半场调整期等宏观经济的背景下，数字经济将会对由此带来的经济增长下行压力和对经济结构的影响具有一定的对冲作用，亦会影响国家的宏观政策制定、社会资源和机构及个人资产配置等。

我国是全球最大的发展中国家，习近平总书记在庆祝改革开放 40 周年大会上的讲话中明确指出，"必须坚持以发展为第一要务，不断增强我国综合国力"。国家大数据战略和数据规则体系的构建要符合这一最基本的国情。例如，在通过立法等国家战略加快推进数据财产相关的权益确权时，不仅需要考虑保护好个人权益，也需要对企业付出成本后进行的个人数据合法化的收集、存储和利用的权利予以认可，以便在有关数据资产的合约监管、风险管理、交易与定价等领域设计出符合中国数字经济发展的机制，并不断推进数据产业和数字经济发展。又如，我国正处于实体经济转型升级、提质增效的重要关口，推动制造业等实体经济行业高质量发展，重塑实体经济的核心竞争力、打造新时代发展的新动能，是大数据等新兴技术与实体经济进行融合发展的重大历史使命。应从工作推动的实施者（政府、企业和服务商三大利益相关方）及工作推进的重点方向（规划、治理、人才培养、技术应用等），进一步释放数字经济在推动企业创新转型、完善系统管理、促进融合发展等方面所应具备的价值和作用。

5.1.2　数字经济重塑全球竞争态势，形成国际贸易新优势

目前，中国和美国是全球两个最大的数字经济体，中国在数字经济竞争中超越了欧洲和日本。例如，以上市公司市值来衡量，截至 2019 年年底，全球前七大科技平台均来自美国和中国。又如，2018 年，中国的电子商务市场规模突破 6000 亿美元，美国突破 5000 亿美元，而排名第三至第五的英国、日本、德国均未突破 1000 亿美元。

同时，IT 技术创新的先发优势使得我国开始出口数据等无形资产。近年来，一批在国内普及的 App 同时荣登印度等国家的应用商店最受欢迎 App 排名的头部位置；中国数字经济平台基于本土优势，通过跨境电商或直接引入的方式，将商业模式复制到其他具有类似市场特征和发展潜力的国家。

数字经济与数字贸易是全球经济发展的大趋势，我国需要在未来全球经济发展中发挥更重要的作用。因此，国家层面的数据资产管理体系构建需要有相应的跨境数据流动规则，支持合理、安全的跨境数据流动。通过构建合理的数据跨境流动规则体系，巩固和维护我国在数据资源和互联网发展方面的优势，维护基于商业目的的正常和合理的跨境数据流动，支撑"一带一路"国家级顶层合作倡议的实施和大型企业"走出去"理念的实践，支持中国与境外机构和企业的技术、产业、商务合作，以及我国公司在境外建立分支机构和开展业务涉及的大量数据转移和交换，坚决抵制可能损害我国国家安全、经济安全和个人隐私的跨境数据流动。

5.1.3　数字经济促进金融周期下半场调整

数据资产等无形资产存在沉没成本，间接融资、信贷抵押品等不利于风险控制的因素，仍需逐步探索并完善。而技术创新伴随高风险、高回报，数字经济天生与直接融资关联在一起，适合权益投资。例如，国内不少狭义数字经济领域内的"独角兽"企业，在创业和发展过程中不乏风险投资的支持，在很大程度上得益于国际（尤其是美国）的风险投资模式。如果中美贸易

摩擦扩张，影响到投资领域，中国发展直接融资的急迫性就更大。就间接融资而言，数字经济将促进普惠金融发展，降低信贷对房地产作为抵押品的依赖，有利于降低金融的顺周期性和减少房地产的金融属性。这些均有助于促进金融周期下半场调整和去杠杆。

从促进我国发展面向直接及间接融资的角度，金融数据标准的建立，数据资产评估体系的完善，有助于金融机构开展高科技创投、无形资产抵押、知识产权估值等业务，引导市场化资金资源涌向科技领域，不但面向短期收益率更高的资本运作，或以商业模式创新为对象、以"数轮投资后上市"为路径的财务投资，更要关注新兴技术驱动实体经济价值链的重塑，平衡金融创新和金融风险控制，支持实体经济企业的技术升级、数字化转型。

5.1.4　数字经济时代需要建立新的指标体系

GDP 统计的是货币化或近似货币化的经济活动，是工业经济时代的产物，在数字经济时代，随着对数据资产等无形资产投资的重要性上升，其作为衡量经济增长指标体系的准确性将降低，重要性将下降。例如，零边际成本使得数据和信息服务有相当一部分是以免费模式提供的，虽改善了人们的生活，但无法被 GDP 衡量。

因此，数字经济时代需要建立新的经济发展指标体系，不仅关注经济增长，也关注福利改进、就业、教育、医疗保障、研发投入等直接反映民生和经济发展潜力的指标。然而，数字经济相关的"新产业、新业态、新模式统计核算"尚在探索之中，本书研究的数据资产评估，也只是在微观层面对理论与实践结合的探索。

5.2　各领域数据资产化探索

国内外对于数据资产在主要行业、领域（政、产、学、研、用）所做的探索、展示的案例、提出的证据，证实了数据要素的重要性，揭示了数据资产价值的多维关联脉络，以及数据资源从生产到开发的利用、从多样化和标准化到资产化的演变规律，体现了数据驱动增长、数据助力实现更美好的生活。数据生产力的变革在推进社会发展的同时，改变了社会关系和社会结构。政、产、学、研、用对数据资产化与评估的探索，将有序助推数据智能赋能新经济。

138

5.2.1 科研机构与新引擎

随着以科学研究、科技成果、科技服务为核心的科技数据的爆发式增长，数据驱动逐步成为科学研究的新范式，科技大数据正成为科学发现与知识创新的新引擎。机构的科技创新能力将越来越多地取决于企业自身在科技数据方面的优势及其将数据转换为信息和知识的能力。科技型公司或科研机构在科技创新活动中新产生或二次加工的科技数据都将成为其重要的无形资产。

从会计角度将科技数据赋予数据资产的特性，有助于提高数据权属的主体提高对于这部分资源的重视程度，对数据资产进行评估也能够激励公司或机构挖掘和利用数据的潜在价值。科技数据领域亟须能够准确、合理地评估数据资产价值的模型与方法。

2018 年 3 月，国务院办公厅印发《科学数据管理办法》，这是自确立大数据国家战略以来，第一个在国家层面发布的数据管理办法。随着我国对科技数据管理与开放利用的重视程度的不断增加及保障政策的不断完善，高新技术企业、科研机构及图书馆等均在科技数据的资产化与评估方面开始进行尝试，基于相关探索，可以得到一些科技数据资产化与评估的发展建议。

1．推进专业化管理

科研数据的资产化是一项系统工程。数据资产化首先需要了解数据资产的现状，采用专业化、标准化的元数据对其进行规范化描述。国际上多采用数据资产框架（Data Asset Framework，DAF）来对科技数据资产进行规范化描述。对科技数据资产的管理应当由专门的管理团队负责，从而保障其专业性和准确性。

2．引入个性化评估模型

科技数据资产具有较强的时效性，可引入个性化评估模型进行评估。例如，DAF 建议通过问卷调查、访谈等方式向数据产生者、使用者、管理者进行调研，以确定科技数据的重要程度，并据此对数据资产进行分级。

3．加强新技术支持

除具有显性价值外，通过数据挖掘等技术手段往往能挖掘出科技数据更大的潜在价值。新技术在科技数据价值挖掘和共享等方面的应用，将推动科技数据资产化与评估逐步走向成熟。例如，利用知识图谱和人工智能不仅能挖掘单一科技数据的潜在价值，还能发现多种科技数据融合产生的新价值。

4．建立专业的科技数据资产交易平台

由于科技数据资产评估的专业性，急需建立专门的科技数据资产交易平台。政府或第三方组织机构应在其中成为创建者和引导者，以保障科技数据资产交易的权威性、安全性、合法性。同时，新的市场行为的出现呼唤相关法律政策尽快诞生，为了促进相关产业的稳健发展，政府和行业协会应当制定和完善相关制度体系，为科技数据资产的交易保驾护航。区块链技术的推广使用将大大推动科技数据的生产与共享，其去中心化的特点可为科技数据资产的流通、评估和交易提供安全保障。

5．数据资产化带动形成科技数据治理生态

科技数据资产化的完成，有助于企业或组织回顾及审视数据的组织方式。目前，国外有越来越多的高校基于数据资产框架开展科技数据资产管理。通过实践发现，流程化的数据管理模式对于提高数据质量有着积极的意义。因此，我们不妨在期待科技数据资产化的同时，同步提高企业和组织对于科技数据管理的意识，形成良好的科技数据治理生态。

5.2.2 互联网等战略性新兴产业与数字经济

与科研机构相比，互联网江湖"得数据者得天下"。梅特卡夫效应和双边市场效应都具有收益递增的性质，因此互联网等战略性新兴产业如虎添翼，数据资产化商业模式的多样、数据资产化程度高，对数字经济发展的支撑作用不断增强。

1．数据资产商业模式

中国资产评估协会在《资产评估专家指引第 9 号——数据资产评估》中，将以数据资产为核心的商业模式分为以下六类。

（1）提供数据服务模式：该模式的企业主营业务为出售经广泛收集、精心过滤的时效性强的数据，为用户提供各种商业机会。

（2）提供信息服务模式：该模式的企业聚焦某个行业，通过广泛收集相关数据、深度整合并萃取有效信息，以庞大的数据中心加上专用的数据终端，形成数据采集、信息萃取、价值传递的完整链条，通过为用户提供信息服务的形式获利。

（3）数字媒体模式：数字媒体公司通过多媒体服务，面向个体广泛收集数据，发挥数据技术的预测能力，开展精准的自营业务和第三方推广营销业务。

（4）数据资产服务模式：通过提供软件和硬件等技术开发服务，根据用户需求，从指导、安全认证、应用开发和数据表设计等方面提供全方位的数据开发和运行保障服务，满足用户业务需求，提升客户营运能力。同时，通过评估数据集群运行状态对运行方案进行优化，以充分发挥客户数据资产的使用价值，帮助客户将数据资产转化为实际的生产力。

（5）数据空间运营模式：该模式的企业主要为第三方提供专业的数据存储服务业务。

（6）数据资产技术服务模式：该模式的企业以为第三方提供开发数据资产所需的应用技术和技术支持作为商业模式。例如，提供数据管理及处理技术、多媒体编解码技术、语音语义识别技术、数据传输与控制技术等。

数据资产多种商业模式彰显了互联网世界的神奇力量。除规模经济效应和协同效应之外，网络平台还具有独特的梅特卡夫定律效应。梅特卡夫定律认为：互联网公司价值与用户数量的平方成正比。2015 年，中国研究人员分析了腾讯和 Facebook 的实际数据，证实梅特卡夫定律是成立的。这个强大的效应产生于节点间活跃的互动，对于某一类网络，互动仅发生在不同类别的用户之间，如拼多多和淘宝平台上，互动和交易多在供应商与消费者之间进行，消费者与消费者之间可分享体验，供应商与供应商之间鲜有交易。这类互联网平台的价值源于供应方与需求方的相互吸引和相互促进，遵循学术界的惯例，我们称之为双边市场效应，其具有收益递增的特性，对数字经济发展的支撑作用极其强大。

2．产业生态化，用户数字化，强力支撑中国数字经济发展

数字经济是基于新一代信息技术，孕育全新的商业模式和经济活动，并对传统经济进行渗透补充和促进其转型升级。全球数字经济发展存在三大特征：一是平台支撑，二是数据驱动，三是普惠共享。

在《2018 年全球数字经济发展指数》报告中，中国以 0.718 的指数成绩位列全球数字经济发展指数排名第二位，说明我国数字经济发展程度较高。

2019 年，在人工智能、云计算、大数据等信息技术和资本力量的助推下，在国家各项政策的扶持下，我国互联网企业整体实现较快发展，上市企业市值普遍增长，网信"独角兽"企业发展迅速，对数字经济发展的支撑作用不断增强。截至 2019 年 12 月，我国互联网上市企业在境内外的总市值达 11.12 万亿元，较 2018 年年底增长 40.8%，创历史新高。2019 年年底在全球市值排名前 30 位的互联网公司中，美国占据 18 个，我国占据 9 个，其中阿里巴巴和腾讯稳居全球互联网公司市值前十强。截至 2019 年 12 月，我国网信"独

角兽"企业总数为 187 家，较 2018 年年底增加 74 家，尤其面向 B 端市场提供服务的网信"独角兽"企业数量增长明显。从网信"独角兽"企业的行业分布来看，企业服务类占比最高，达 15.5%。

中国的人均 GDP 名列全球第 64 位，而数字经济发展指数排名全球第二位。中国走出了一条独特的用户数字化、产业生态化的发展道路。

中国拥有独特的数字消费者群体，不仅消费者的数量庞大，各种数字应用渗透率还都位居世界前列，数字原住民崛起，带动一切用户数字化，一切行为数字化。网络空间个人和企业用户的身份信息可描述为几十个不同形式的数据项，与产品、服务流程相关的行为可描述为上千个数据标签，因此，我国的数字消费者指数排名位居全球第一；庞大的消费者群体，使得长尾市场的定制化需求得以生长，各互联网公司尽力满足消费者个性化、多变的需求；中国的互联网公司采用了独特的生态战略，全场景与消费者沟通，使用社会化的方式完成产品、服务的生产和提供，数字产业生态排名全球第二；与数字经济相关的大数据、人工智能等领域，依托海量数字化消费者的独特场景，实现了快速发展。

清华大学互联网产业研究院院长朱岩认为，1994—2019 年，中国的消费互联网得到迅速发展，其核心是利用网络覆盖广、传播速度快的特性，在每个人群关注的领域获取流量，再用各种传统的方式把流量变现。这种以流量为核心的商业模式，无法为社会提供足够可信的交易环境，并因此给互联网经济带来了一定程度的"劣币驱逐良币"问题。所以，在消费互联网时代，数据虽然每天在网络上大量产生，但却因为缺少可信性而难以成为生产要素。也就是说，消费互联网时代的数据要素市场是片段化的、不完善的，其增值能力较弱。

而产业互联网是企业进军数字空间的新路径，通过给企业的产品和服务注入文化、数字的内涵，创新企业产品和服务的新消费方式，进而带来新的价值创造方式。产业互联网时代的企业，其所经营的将不再是一件件独立的商品、一个个独立的客户，而是商品网络和客户网络。企业通过在商品网络和客户网络上开发数据要素的价值，来创造新的财富。

5.2.3　金融领域与数字化转型新趋势

在金融领域，数据标准化程度相对较高，数据资产具有高效性、风险性、公益性特征。金融机构数字化转型普遍加快，类金融渗透产业和生活场景也逐步加深。

金融机构数字化转型是通过 IT 技术，改变企业为客户创造价值的方式，推动客户驱动的战略性业务转型，而数字化转型的决策转型和经营模式转型需要数据驱动和支撑。

金融行业数据包括交易数据、客户数据、业务数据、管理信息等，其特征为数据量越来越大，数据形式越来越多元化，数据实时性要求高。随着数据沉淀，金融行业数据已进入大数据时代，数据驱动的业务决策和经营模式，高度依赖数据的全面、精准和高时效性，挖掘数据以获取数据洞察力并从中获得更多价值，进而指导决策。

海量的数据需要有效的数据治理，金融机构通过金融数据治理将"数据资料"上升为"数据资产"。当数据积累变成数据资产时，企业的业务决策和经营模式就发生了转变。

部分金融企业已建立数据治理框架，成立数据管理部门，统一管理企业的数据，并正在从数据管理到数据资产的道路中探索，从管理视角向为业务增值视角演进。有些大型金融企业已将数据资产部门独立出来，将数据资产的应用和价值的挖掘作为数据资产部门的目标。部分金融机构已在合规的条件下运用数据向外提供基础金融数据产品和服务。例如，中国银行成立了数据资产管理部，招商银行设立了数据资产与平台研发中心。

在数据资产化的过程中，也存在数据不好用、数据用不好和数据使用是否合法的问题，因此数据治理的质量、数据资产的应用和价值、数据安全均是数据资产评估需要面对的重要问题。

1．数据治理

数据标准的制定和施行是提升数据质量的重要环节，已有部分行业标准发布，如 2019 年年底证监会发布金融行业标准《证券期货业数据模型　第 1 部分：抽象模型设计方法》。该标准依据行业法规，较为科学、完备地描述了证券市场的业务逻辑，建立了业务运行与数据资产之间的关系，通过数据模型体现业务规则，记录业务行为，描述并发现该业务的特征及目的，为推动实施行业数据治理打下了坚实的基础。

2．金融业中数据资产的应用和价值挖掘

（1）用户画像：主要是针对个人和企业客户的用户画像，利用自然人和法人的统计学特征、消费能力数据、征信数据、信贷数据、兴趣数据、交易数据、风险偏好数据、生产经营数据、客户关系数据等实现用户画像。

（2）运营优化：利用大数据的统计分析实现金融企业的运营优化，包含

市场和渠道分析优化、业务人员绩效考核、业务渠道经营分析、智能投顾和金融数据的统计与分析、IT 基础设施的智能化监控等。

（3）风险管理：金融风险是各金融企业十分关注的要点，大数据可有效提升企业风险管理的水平。其主要用于贷款风险的评估（尤其是小微企业和个人）、欺诈性交易的识别和反洗钱、实时信用评估、IT 风险态势感知与预警等。

（4）精准营销：大数据可以有效帮助金融企业的业务人员实现精准营销，加速业务创新，提升市场竞争力。其主要用于交叉营销、个性化推荐、客户分类聚类分析和金融产品营销分析等。

3．数据安全

大众的数据安全意识逐步提高，在行业层面已有部分数据安全标准出台。

（1）2020 年，中国人民银行发布金融行业标准《个人金融信息保护技术规范》（JR/T 0171—2020）。该标准规定了个人金融信息在收集、传输、存储、使用、删除、销毁等生命周期各环节的安全防护要求，从安全技术和安全管理两个方面对个人金融信息保护提出了规范性要求。

（2）2019 年，中国人民银行印发《金融科技（FinTech）发展规划（2019—2021 年）》（银发〔2019〕209 号）。该规划中提到建立健全企业级大数据平台，进一步提升数据洞察能力和基于场景的数据挖掘能力，充分释放大数据作为基础性战略资源的核心价值。

（3）2018 年，银保监会发布《银行业金融机构数据治理指引》，旨在引导银行业金融机构加强数据治理，提高数据质量，充分发挥数据价值，提升经营管理水平，全面向高质量发展转变。

随着金融科技的发展和金融服务生态圈的构建，数据资源的共享、新技术的融合、数据资产的运用，将是数据资产化的主要发展趋势。金融科技的发展和金融服务生态圈的构建，需要同时考虑以下几个方面因素。

（1）开放银行：利用开放式应用程序接口（API）向合格的外部商业伙伴开放数据权限。金融企业和非金融企业通过金融数据共享，在双方认同的平台上开展自己的业务，构建银行生态圈。开放银行模式从形式上看，是银行开放接口为非金融平台服务。从内容上看，是将零售业务无限延伸，客户不仅可以从银行获得数字金融服务体验，也可以通过开放银行平台与衣、食、住、行等平台进行数据共享，实现数字金融生活。

（2）人工智能运用：在面向未来金融的后大数据时代，人工智能将被引入大数据处理，未来金融是无处不在的，其更关注数据安全、业务效率和精准营销。融入人工智能的大数据处理技术将为金融机构创造更多的业务价值。

（3）物联网、云计算与大数据的融合：物联网中有大量的数据，这些数据需要集中存储和处理，并对数据进行深入分析和挖掘，而这需要有大数据和云计算技术作为支撑。

（4）多方安全计算（MPC）技术：要实现数据资产的运用产生价值，需要打破"数据孤岛"，进行数据资产共享融合，而这需要平衡数据的共享融合与隐私保护。多方安全计算是各参与方（假定互不信赖）在协同计算的同时，确保各方隐私得到保护，由中国科学院院士、图灵奖获得者在姚期智院士在 1982 年提出。多方安全计算是一种能够解决数据确权、安全和隐私保护等重要课题的隐私计算技术，其使参与数据共享各方的隐私得到保护的同时，可以共同合作完成某个数据的计算任务，使各方得到各自需要的正确结果。即在没有可信第三方时通过多方安全计算技术，保证数据所有权和使用权隔离，平衡了数据共享融合和数据隐私保护。我国香港交易所已联合相关科技公司，深入研究如何利用多方安全计算在数据加密状态下实现多方数据分析，并开展试验性探索。

《中共中央 国务院关于构建更加完善的要素市场化配置体制机制的意见》已将数据纳入生产要素，行业监管机构也发文对金融数据进行了规划和指引，金融机构在组织架构、数据治理和数据应用方面开展了数据资产化的探索，从单纯数据管理逐步拓展到数据资产运用方面。数据资产化需要从数据治理质量、数据应用价值、数据安全等方面进行评估和推进。未来，在数据资产的发展过程中，金融科技在数据资产价值挖掘中的运用、数据共享融合与安全隐私的平衡应得到重视。

现阶段，金融科技企业对于金融业的冲击，促使普惠金融、场景金融发展迅猛。一是借助互联网的指数化低成本传播特点，营销信息迅速抵达客户；二是借助资本力量，提供大量优惠，给客户带来实惠；三是借助生态化的应用场景，方便了客户衣、食、住、行的方方面面；四是借助支付牌照形成信息流和资金流的闭环，真正形成资金的体内循环；五是不断促进技术进步，发展新零售和社会公共服务等新业态，线上线下进一步整合，输出行业整体解决方案，减少客户交易成本。

金融科技激发的金融创新与金融风险的平衡问题，值得特别关注。为积极应对市场变化，全国数十家全国性商业银行，纷纷成立金融科技子公司或设立金融科技创新中心，发展以"数据共享"为实质特征的开放银行、直销银行，提供场景金融服务。

2019 年，中国人民银行金融科技委员会开始建立金融科技监管规则体系，持续强化监管科技应用，提升风险态势感知和技术安全防范能力，增强金融监管的专业性、统一性和穿透性。目前，北京、上海、杭州率先试行"监管沙盒"机制，允许部分金融机构与金融科技公司结合"数据沙盒"，跨界探索创新产品与服务。这是国际金融危机后寻找监管新平衡的有益探索，兼具技术和制度双层创新，能够确保金融稳定，促进金融更好地服务实体经济发展，有助于实现金融创新和监管的平衡。

在金融数据资产化的过程中，应完善数字金融相关国家标准，促进多方达成数字金融监管共识，加强监管过程的协调，实行柔性监管。

5.2.4　健康医疗、餐饮与新消费

在健康医疗、餐饮等领域，数据结构复杂，关联维度多。数据资产化目的和路径多样，新消费因数据多样化更丰富多彩。但数据应用的前提是要将数据及关联可共享的数据标准化，只有将数据标准化，才能实现数据的资产化。

"新消费"一词来源于 2015 年国务院印发的《关于积极发挥新消费引领作用加快培育形成新供给新动力的指导意见》，着力"加强供给侧结构性改革"的要求，目的是通过制度创新，实现去产能、调结构、完善产业体系。各种信息服务、情感服务有效融入生活场景，数据资产化将围绕我们日常生活息息相关的健康医疗领域和餐饮领域展开探索。

健康医疗领域累积的数据，包括大量基因组学数据（蛋白质组学和代谢组学）、检验数据、检测数据、影像数据、临床数据、药物数据、医疗费用数据和智能可穿戴设备产生的数据等均呈现指数级增长。大数据、云计算、人工智能等技术与健康医疗行业的深入融合，让健康医疗领域数据的商业价值更加突显，成为重要的国家战略资产。全球健康医疗数据资产化发展迅速，四大律师事务所之一的安永发布了《实现健康医疗数据的价值：未来的框架》报告，该报告以英国的国民健康系统（NHS）作为探讨和分析的对象，系统分析了 NHS 的健康医疗数据的商业价值，认为 NHS 的5500 万患者记录在经过有效管理后，NHS 的数据集每年可产生 96 亿英镑的价值。

近几年，我国健康医疗大数据发展驶入快车道，行业增速明显，市场

规模不断突破，云计算、大数据、移动互联网、纳米医疗、5G 通信技术等新技术的发展为智慧医疗深化应用提供了更多可能。健康医疗大数据产业的快速增长与国家政策、技术发展、利益群体、资本注入等推动密不可分。国家健康医疗大数据政策经历了从无到有、从宏观指导到细则规定的过程，为医疗机构、健康服务公司等数据生产者和使用者提供了规范，为行业带来了更多的信心和动力。2016 年 6 月 24 日，国务院办公厅印发《关于促进和规范健康医疗大数据应用发展的指导意见》，首次将健康医疗大数据确定为重要的基础性战略资源。2016 年 10 月，国务院发布《"健康中国 2030"规划纲要》，强调要加强健康医疗大数据应用体系建设。2018 年，国家卫健委发布《国家健康医疗大数据标准、安全和服务管理办法（试行）》，对健康医疗大数据服务管理，以及"互联网+健康医疗"的发展等方面进行引导。

医疗信息化建设是健康医疗大数据资产化发展的基础，我国医院的信息化程度日趋成熟。中国医院协会信息专业委员会（CHIMA）统计数据显示，我国医院信息化管理系统实施比例达 70%～80%，医院信息系统、电子病历系统、影像采集与传输系统、实验室检查信息系统、病理系统、临床决策系统等信息化系统记录和存储了海量健康医疗数据，包括电子病历、影像数据、检验数据、费用数据、药品流通数据、体检数据等。医院开启了健康医疗大数据治理和利用大数据、人工智能等新技术推动智慧医院建设，积极推动健康医疗服务走向区域化和智能化。为落实国家战略部署，国家卫健委按照"一步到位、分步实施、同质同构、开放共享"的原则，积极推动"1+7+X"的健康医疗大数据中心建设，组建以国有资本为主体的三个健康医疗大数据集团，先后启动健康医疗大数据中心与产业园建设国家试点工程，确定了七个区域中心的江苏、福建、贵州、山东、安徽、黑龙江、云南、内蒙古、陕西等试点省市，积极推动形成新的数据驱动的健康医疗发展生态圈。

信息技术是推动医疗大数据资产化的底层基石和发展的助推器。大数据与机器学习、深度学习等技术和循证医学、影像组学等学科的结合，为健康管理、辅助诊疗、精准医疗等场景提供了解决方案，能够优化诊疗流程、提升医疗行为的效率。目前，医疗领域还存在比较严重的资源割据、标准不一、数据孤岛等问题，亟待在保障安全的基础上建立数据共享标准、打通底层数据，探索利用区块链等新技术建立国家健康医疗大数据中心、区域数据中心和医院信息化系统之间的无缝数据共享，以确保数据的安全性和充分发挥数据的潜在价值。数据互通可以优化各应用场景的体验和充分释放数据价值，各应用场景产生的数据又可以进一步丰富数据进行数据增值——由此形成一个健康医疗大数据的价值闭环。通过对健康医疗大数据资源的有效治理、深入挖掘和分析，获取的知识将使数字化健康医疗生态系统中的所有利益相关者（包括患者、健康医疗服务提供者、药企、医疗器械厂商、检测服务机构、保险机构等）获得收益。

2020 年 4 月，国家发改委、中央网信办印发《关于推进"上云用数赋智"行动 培育新经济发展实施方案》。健康医疗大数据搭上云计算、人工智能等技术的"高速列车"，将在更深层次推进大数据的融合运用，促进数字化产业链构建和数据赋能。医学影像、辅助诊断、药物研发、健康管理、精准医疗、基因测序等都是新的健康医疗大数据智能应用发展的重要方向，对国民健康服务、患者治疗、生命科学行业和经济发展将产生重大影响，但是各应用的数据策略和商业模式仍需进一步探索。此外，健康医疗大数据的利用和价值的获取还应依靠建立正确的监管、法律和道德框架，寻求破除或缓解数据共享壁垒与数据隐私安全之间的矛盾，在促进数据有效互通、发挥效用的同时，保障国家、群体和个人的安全。此外，如何让具有重大经济价值的数据在被有偿使用以后，仍然能够回到数据拥有者手中，得以重复、持续且多方使用，也值得进一步研究和实践。

对于大数据资产的评估，国内已发布一系列标准，但是对于健康医疗领域大数据的资产评估还有待进一步探索。健康医疗数据资产的价值评估具有极大的复杂性，数据资产化管理的主要目的并不只是确权、定价和交易，不同于其他产业发展，健康医疗领域更是为了社会化创新和国计民生。

1．完善医疗数据标准，建设医疗行业专属数据资产评估体系

数据资产评估准则是资产评估过程中最重要的工作指南及操作规范，评估准则的缺失往往使数据资产评估无法可依，无章可循，造成评估过程及评估结论的合理性难以保证。评估过程涉及数据的量级、质量、价值密度等众多因素，由于不同地域、不同机构的医学术语、病情描述准则存在较大差异，使得医疗数据资产的价值难有统一的衡量标准。为了统一数据资产评估标准，需要在政府指导下完善医疗数据标准，制定具有行业特征的数据资产评估指南，制定健康医疗数据资产评估指导意见，构建完善的医疗数据资产评估体系，规范数据资产评估实践，完善数据资产交易的相关法律法规，完善市场交易机制，加快建立政府层面的数据资产管理职能部门。

2．推动构建统一的医疗数据资产评估与服务平台

医疗数据涵盖患者基本信息、疾病主诉、检验数据、影像数据、诊断数据、治疗数据等，一般产生及存储在医疗机构的电子病历中。但由于不同机构在数据标准、语义、描述方式等方面的差异，在进行数据资产评估时，目前还较难做到参考借鉴。

未来可积极推动政府相关部门面向全国省市，建设统一的医疗数据资产评估与服务平台，涵盖多病种、多学科的医疗数据资产评估信息，包括定价规则、保护年限、使用范围等，并不断归纳、综合知识，逐步形成省市、全国各机构认可的统一评估标准。进而联合医院、医联体等医疗机构，面向区域提供资产评估服务，确保医疗数据资产评估的公正性、权威性，推动资产评估与交易市场发展，从而带动产业服务创新。

3．加强数据资产评估理论研究，引入适用医疗行业的数据评估新技术

鉴于健康医疗领域数据的行业特殊性，如医疗影像、基因检测等信息，极难通过传统方法进行快速评估。因而，需要在传统资产价值评估方法的基础上，深度融合应用大数据、人工智能等技术，结合医疗业务知识图谱，推动医疗行业资产评估体系的发展进步。

以医疗影像数据为例，医疗影像中的信息具有极大的参考和应用价值，但是由于医疗影像中的信息难以被计算机识别，而影像阅片不仅需要丰富的医学、专病知识，还需要消耗极大的人力成本，因而该类数据极难评估，可引入机器视觉、神经网络等人工智能技术，对医学影像进行定性、定量的价值评测，从而完善医疗领域的资产评估体系。

4．促进健康医疗领域数据资产产业应用

基于对数据价值的认可，在以数据资产为核心的商业模式中，数据或信息的租售将拥有广阔的市场空间。虽然目前在缺乏交易规则和定价标准的情况下，数据交易双方承担了较高的交易成本，制约了数据资产的流动，但随着数据交易市场的建设和规则的完善，其必然能加速数据资产交易的进程。

健康医疗领域的数据资产化管理的主要目的是社会化创新和国计民生。通过健康医疗数据跨层级、跨地域、跨部门的数据资产开放和共享，促进健康医疗行业数据的融合贯通，打破健康医疗数据与其他社会部门的壁垒，全面深化健康医疗大数据在行业治理、临床和科研、公共卫生、教育培训等领域的应用，培育健康医疗大数据应用新业态。

与医疗行业相比，餐饮企业线上数字化改革起点低，社会影响面广。在

数据资产化进程中，与渠道、产品、客户相关的运营、支付服务标准化进程快，与食品、饮品相关的行业标准化进程慢，数据资产管理方案逐步完善中。逐步成熟的数据资产管理方案可加速餐饮行业的数字化运营进程，帮助餐饮业构建标准化的运作体系，实现跨界经营，提升经营绩效，丰富客户体验。

在餐饮行业，尚缺少成熟的数据治理方法论，在数据仓库建设过程中，需要解决业务和技术标准双重问题，积极探索餐饮行业的数据治理方法，将数据治理分为标准体系建立、存量的数据管理、新增大数据管理三个阶段。可以预见，数据治理或将为餐饮行业带来三大能力：

（1）数据驱动产品迭代的能力，面向 B 端/M 端/C 端等的智能报表及其他数据产品，支持跨业务域共享数据、快速迭代。

（2）数据融合赋能业务的能力，打通数据，可提供多维度消费行为标签，支持跨界业务发展。

（3）数据共享创造价值的能力，通过打通订单、收银等多节点数据，实现数据引导消费，发展生活服务及场景金融，提升客户体验和企业价值。

对于生活服务、共享医疗等领域的企业而言，短期内可能增长大量用户，数据资产价值发现机会多，但面临技术、服务、政策等综合挑战。共享经济平台治理任务多样，以顾客资产、知识产权、业务数据为基本框架，建立数据资产第四张报表，可透过动态性、全面性的关联脉络信息，让企业管理层意识到数字资产为企业带来的改变，更好地进行企业管理。通过标准化的数据资产评估方法，使企业、投资人能够更加高效地评估数据资产，发现企业价值。

5.2.5　财政与数字政务

与企业和个人相比，政府在公共数据开放创新、多元利用方面具有天然的优势。政府数据资产的特征为数量庞大、领域广泛、异构性强。数据资产对政府公共管理、公共服务的潜在利用价值较高，但更注重社会价值。

在经济新常态下，传统经济增长模式主要依赖的人口红利、资源红利，特别是土地红利已经显现疲态，对于各级地方政府，土地财政已经无法维持财政收入的增值和稳定。在这种形势下，政府凭借掌握的数据资源优势，正在努力追求管理创新，以及经济新动能转换，"数据财政"或将成为新时期地方政府推动经济发展的重要抓手。复旦大学朱扬勇教授 2015 年提出：政府须变"土地财政"为"数据财政"。

各级地方政府依靠激活、发现大数据价值，促进大数据与各行业领域深度融合，实现经济快速增长，创造或提升财政收入。据有关机构研究，政府掌握的可利用、可开发、有价值的数据占全社会的 80% 左右，政府数据量远超互联网、电信、金融等行业。

政府数据资源化、资产化、资本化将伴随大数据技术的发展成为必然，从"土地财政"到"数据财政"将重新激活社会各行业的活力，继而带动全行业的升级，这是驱动政府开发数据资源的主要力量。

在政府部门治理方面，财政部在落实《国务院关于印发促进大数据发展行动纲要的通知》的基础上，提出利用大数据应用有力支撑建立现代化财政制度、发挥财政在国家治理中的基础和重要支柱作用。2019 年，财政部下发《关于推进财政大数据应用的实施意见》，要求各级财政加快开展财政大数据应用，充分整合和挖掘财政数据资源，推动财政管理持续健康发展，实现财政信息化由传统流程化支撑向数据资源价值发挥、支撑科学决策的重大转变，这一转变有利于推动政策完善、决策优化、风险预警等管理需要；有利于提升财政部门预算管理水平和财政资金的综合使用效益；有利于创新财政管理机制，推动"放管服"改革深入开展，为建立现代制度、实现国家治理体系和治理能力现代化创造条件。

政府部门维护的是社会的公共利益，在履职过程中积累的数据资源，也更应被看作一种公共资源。《国务院关于加快推进全国一体化在线政务服务平台建设的指导意见》明确要求，推动面向市场主体和群众的政务服务事项公开、政务服务数据开放共享。

这意味着，在不损害国家安全、社会公共利益及私人合法权益的前提下，政府部门应该推动政务数据开放共享，这不仅能够充分挖掘数据的内在价值，而且能够激发市场主体的创新活力，更能把不同主体吸引到数字政府建设过程中来，有助于打造围绕数字政府的智能化生态体系。从这个意义上说，政务数据在合法、安全基础上的开放共享，本身也是数字经济时代政府向社会提供的一项极其重要的公共服务。

在此种背景下，为提高公共数据资源利用效率，使数据资源成为促进经济发展和技术创新的全新驱动力，推进政府公共数据开放共享已经成为一个全球趋势。根据《2018 联合国电子政务调查报告》（*United Nations E-Government Survey*），截至 2018 年，已有 139 个国家提供了数据平台或目录，而 2014 年这个数字还只有 46 个。世界各国对政府数据开放的重视程度越来越高，而随着政府数据的开放数量和质量的不断提升，数据的价值也将逐渐得到挖掘和释放，并成为一项全新的生产资料。

在法规政策方面，上海在 2019 年出台了《上海市公共数据开放暂行办法》，这是我国首部专门针对数据开放的地方政府规章。在工作计划上，上海从 2014 年起连续 6 年发布专门针对数据开放的《上海市公共数据资源开放年度工作计划》。在标准指引方面，上海已出台专门针对数据开放的《上海市公共数据开放分级分类指南（试行）》。

政府数据的开放为各方主体共同参与社会治理创造了条件。从实施进程看，通过数字化推进政府治理现代化，加强政府治理和社会治理，可实现从以政府为中心向以人民为中心的转变，实现从群众找服务到服务找群众的转变。2019 年 11 月，全国一体化在线政务平台上线试运行，推动了各地区、各部门政务服务平台互联互通、数据共享和业务协同，为全面推进政务服务"一网通办"提供了有力支撑。截至 2019 年 12 月，该平台个人注册用户数量达 2.39 亿人，较 2018 年年底增加 7300 万人。全国 3200 多家政务服务中心（包括地方政府）都在推进互联网+政务服务，让企业和百姓办事最多跑一次，"一网通办"等给企业和老百姓带来了实惠。

2020 年的新冠肺炎疫情阻击战中，通过联动交通部门的数据、公安人口数据及企业的数字能力，中国 14 亿人群体抗疫；后疫情时代，企业快速开启云复工，政府官员直播带货促复产、促消费，开展云店、云展会、云节日、云生活多样化活动，云上城乡一体化，中国数字政府建设，为全世界提供了可以借鉴的范本。

中国已开始数据要素市场化配置的探索，在 2020 年 5 月 22 日发布的政府工作报告中明确指出"培育技术和数据市场，激活各类要素潜能"。数据要素的潜能巨大，通过大力开展新基建、加快传统产业的数字化转型，全面推进"互联网+"、发展产业互联网，数据要素必将在各行业发挥巨大作用，一系列数字经济的新产业、新业态、新模式将在中国诞生，中国经济也将会在数据时代引领全球。

2021 年 1 月，由复旦大学数字与移动治理实验室出品的"2020 下半年中国开放数林指数"和《中国地方政府数据开放报告》（2020 下半年）正式发布，对全国 142 个地方政府开放数据平台进行了综合评价。浙江在准备度和数据层两个单项上排名全国第一，山东在平台层单项上排名全国第一，上海在利用层单项上排名全国第一。

毋庸置疑，数据是社会发展新变量，是时代进步新动能，是快速崛起的新世界。

5.3　影响个人生活与发展

从数据资产和个人的关系角度看：一方面，个人作为劳动力要素，和数据要素有相互替代和相互补充的作用力；另一方面，个人作为自身数据资产的产权人，在大数据时代的背景下，自身劳动力、智力和个人品牌的交易方式将被拓展，财富获取和存储的多样性将会增加，个人生活和发展将会受到深远的影响。

5.3.1　数据要素和劳动力要素

劳动力要素和数据要素的相互替代性将影响要素收益的分配。直观的例子是目前普遍的担忧：大数据分析、自动化、人工智能等发展导致机器替代人，带来失业或劳动者工资减少问题。数据要素及投向数据领域的资本要素与劳动要素之间的替代弹性系数取决于它们价格和回报空间的比较。过去 20 年，全球资本品价格相对劳动成本下降，尤其是发达国家，这是促使机器替代人的重要因素。

而中国基于"人口大"的特点，中国的数字经济发展是劳动友好型的。在中国虽然也有机器替代人的担忧，但我们看到的更多是外卖、快递、直播等互联网服务平台创造的就业机会，加之数字技术使得同一劳动者在一段时间内服务的客户增加，这些工作带来的收入往往超过传统制造业，尤其是对中低收入人群的收入提升有帮助。全国经济普查显示，过去几年中国的个体经营户快速增长，除了与登记制度改革有关，也和平台经济的发展有关。这也有别于"劳动者从制造业向服务业转化工资是降低的"的传统经济理论。

也正因如此，新经济模式将吸引更多的劳动力从传统行业转入，这也有助于激发和促进社会的创新。贫富差距导致社会流动性下降，数字经济会带来创新成本下降，社会流动性上升，对贫富差距有一定对冲作用。从个人角度，创新失败的可能性也很大，需要风险溢价的补偿，这又激发和驱动了高端人才流向数据及技术创新领域。

5.3.2　数据资产和产权人

从个人作为个人数据的所有者的角度，英国皇家工程院院士、上海产业技术研究院特聘首席专家郭毅可教授曾分享过一个案例。某制药公司曾斥资上百万英镑购买过一位身患六种癌症的患者数据。该患者的健康数据因稀缺的研究价值，成为如同传统资产一般可交易的资产。

与上述案例类似的数据交易若要成为常态化经济活动，应满足一个前提，即买方认定数据的所有权归属于患者本人。这一看似肯定的前提，可能存在的争议在于，如何界定患者做基因筛查的医院、发现特定稀缺基因的生物学家等在数据价值链上的利益相关者的权属？如何分配数据创造的收益？这正是数据资产研究领域乃至整个科技产业百家争鸣的问题。

针对确权问题，业界提出了"数据银行"的模式来处理数据资产拥有者（如个人用户）、数据资产管理者（如数据运营机构、大数据平台等）和数据资产使用者的关系。理想的应用场景是：个人将自己的数据资产授权管理者"托管"，通过合同关系明晰数据收集和使用的行为规则，管理者可以把众人的数据资产进行有意义的整合和交换，让数据流通起来，成为可交易的产品。管理者可以从与使用者交易获取的收益中收取部分作为管理费，并向数据资产拥有者支付收益。

这个类似"理财产品"的模型运作面临一些待解决的问题。一是数据资产在数据链路上的流向、用途、价值创造机制在大多数组织里仍是"一笔糊涂账"，而此机制的明晰是金融机构存在并符合监管要求，以及传统资产得以在金融系统中运作的基础。二是数据资产易复制的特性，在缺乏数据管控机制和技术的情况下，有可能因"监守自盗"或"外贼入侵"被随意复制和无授权分发，严重损害数据资产的价值。三是需要加强对个人隐私数据的保护，构建起人们发展数字经济的信心。

上述问题的破解既需要在法规和政策层面明确数据资产权属，又需要在标准和技术层面提供数据安全的保障。在立法方面，欧盟出台了史上最严数据法《通用数据保护条例》（GDPR），美国加利福尼亚州出台了《加利福尼亚州消费者隐私保护法案》（CCPA）等，我国的《数据安全法》和《个人信息保护法》已经纳入十三届全国人大常委会立法规划，维护国家数据安全和个人信息保护将会继续强化。上述立法在法律上为鉴定数据的所有权、保护个人在数据上的权益、明晰数据资产应用链路等发挥了重要的推动作用。在技术方面，国内外多位专家提出可运用区块链等技术查看信息和验证信息分离的特点，将所有权和使用权严格分开，每一份在区块链网络上生成的数据都被打上标记，保证即使数据在流转中发生了合并、拆分，也都有唯一标识、不可篡改、可追溯。

尽管 GDPR 和 CCPA 等法律的实施需要比较长的时间，还存在在个人隐私保护、数据产业发展和国家数据安全的诉求之间调节以达到全社会利益最大化的完善诉求；尽管区块链技术还不成熟，同时做到区块链在逻辑和物理上的去中心化，以兼顾效率和安全性，依然还有很多技术问题要解决；尽管站在个人的角度，大家都会非常关注如何掌控自己的数据、如何从自己的数据当中获得收益，而数据只有在共享和流通的前提下，才能创造出真正的价值。各利益相关方需达成共识，促进数据在不同主体之间有序流动，全社会才能形成巨大的数据资产，利用数据资产进行投资、交易等经济活动，数据资产才得以成为数据资本。

未来已来，基于全面数据化的未来正向我们走来。数据作为一种自然要素，已经渗透进每个人的生活和行为中；作为一个崭新的生产要素类别，数据世界已经并行于物理世界，成为人们生活中不可或缺的一部分。数据将赋予其他要素以全新的含义和能量，其对生产力发展所带来的影响将成为数字经济中无与伦比、不可替代的关键要素。

5.4　推动社会与经济进步

知识和数据，对经济发展、社会进步的影响日益深化。知识经济、互联网经济、数字经济、平台经济，这些新名词都是从不同的角度刻画新经济，反映了人们对新经济的概念和内涵的认知、探索过程。

"新经济"一词最早出现在美国 1996 年 12 月 30 日《商业周刊》的一组文章中。经济合作与发展组织（OECD）于 1996 年在《以知识为基础的经济》报告中指出，知识经济是建立在知识和信息的生产、分配和使用之上的经济。OECD 在 2008 年将互联网经济定义为：由互联网及其相关信息、通信技术支持的所有经济社会和文化活动。

Fraumeni 等 （2000）将美国商务部提出的数字经济概括为：包含信息通信技术的生产行业、信息通信技术的使用行业及电子商务。2018 年，OECD 统计司和美国经济分析局提出测算数字经济的框架，基于交易的特征对数字经济进行了界定，认为凡是在交易环节采用的数字订购或者数字交付的经济活动都是数字经济活动，而数字订购或数字交付往往是通过平台实现的，如果不满足交易环节的数字化，则认为不是数字经济活动。BEA 基于上述框架，选择在窄口径范围内测算美国数字经济规模，包含计算机网络搭建及运行所需的数字支持基础设施、电子商务和数字内容三部分（Ahmad 和

Ribarsky，2018）。

如今，中国的科技应用水平已经处于世界前沿，"平台经济"伴随互联网发展广泛流行，根据双边市场理论，平台是一个促成多方客户交易，并且通过收取恰当费用而努力召集和吸引交易各方使用的现实或者虚拟的空间。相应地，借助平台促成双边（或多边）客户间交易的商业模式就是一种平台经济。

博鳌亚洲论坛 2019 年年会，专设了"数据：有待开发的巨大资源"主题论坛，就数字科技中大数据技术展开了热烈的讨论。经济合作与发展组织全球关系秘书处主任安德里亚斯绍尔认为，数据是一种服务，更是政策制定的证据，是有待开发的富矿。

2019 年 8 月，《关于促进平台经济规范健康发展的指导意见》（国办发〔2019〕38 号）明确指出：互联网平台经济是生产力新的组织方式，是经济发展新动能，对优化资源配置、促进跨界融通发展和大众创业万众创新、推动产业升级、拓展消费市场尤其是增加就业，都有重要作用。

新经济催生数据资产，与数据资产相关的数字基础设施建设、数字化治理、数字化公共服务、数字化转型、数字化创新能力提升、数字经济交流合作、数字经济发展环境等与时俱进，识别、测算、计量、评估数据资产迫在眉睫。

5.5 数据资产化评估准则、会计准则与信息披露

数据经济时代，数据的更新日新月异，数字生产力已经成为数字社会最大的生产力，组织应当重视数据资产的确认与计量，基于数据资产评估准则，及时、科学地披露数据资产的价值变动情况及收益变动情况，把握价值实现的历史机遇。

理论和实践表明，将数据作为专项无形资产进行管理，广为认可。近年来，国内外学者围绕数据资产化开展了比较系统的研究，国外研究主要集中在数据质量管理、信息价值评估和数据资产管理等方面，国内研究主要集中在资产评估框架、无形资产评估、数据资产评估等方面。

实践中，数据资产与其他类型的资产的核算一样，在会计核算时都经过确认、计量、记录及报告等环节。数据资产的确认与计量，基于《企业会计准则第 6 号——无形资产》中的有关确认条件，确认为无形资产，预期会给企业带来经济利益的，可计入资产负债表。数据资产的初始计量，基于数据

的获取方式，可分设无形资产二级、三级会计科目，做出不同的会计分录；后续计量核算则从数据资产的后续支出、预计使用寿命、减值准备、摊销等层面出发予以不同的会计分录。

由于不满足而未确认为无形资产的知识产权，可作为"广义无形资产"，以"未作为无形资产确认的知识产权"的相关会计信息披露，及时地为会计信息使用者提供数据资产的变动情况，为其决策提供理论依据。

评估与审计谨慎区分可辨认无形资产和不可辨认无形资产。中国资产评估协会在《资产评估专家指引第 9 号——数据资产评估》中，给出了数据资产评估的系列行动指南。对于可辨认无形资产中的销售网络、客户关系，基于平台经济场景中的数据流动与融合，有机构提出企业渠道价值分析理论体系，建立企业三张财务报表之外的第四张报表"数据资产表"，从数量、结构、质量及可用性四个维度，对企业全渠道的隐形客户价值和行为进行量化评估，帮助企业发现客户生命周期价值，建立业务财务一体化评估模型，支持数字化转型中的公司价值评估。

数据资产表重塑科学市值观。数字经济时代，谋求资本市场认可的企业，更应当及时披露数据资产的价值变动情况及收益变动情况。

《深圳证券交易所创业板行业信息披露指引第 8 号——上市公司从事互联网营销及数据服务相关业务（2019 年修订）》第四条明确要求：从事互联网营销业务的上市公司应当在年度报告、半年度报告中充分披露公司所处的产业链环节、商业模式、价值实现过程、服务计费方式等，并结合业务模式重点披露相关业务指标、财务及非财务信息、核心竞争力等，便于投资者阅读和理解。

从会计准则与信息披露国际趋同的发展过程看，中国的资产评估准则在评估方法的阐释上过于简单，没有实例，偏重于理性分析，可操作性差。对于种类繁多的数据资产评估，方法待细化，可操作性待加强，要求资产评估师在创新性评估业务中不断探索，以使数据资产评估更具灵活性和可操作性，提高资产评估的效果和效率。

总之，在数字经济发展过程中，数据资产化概念逐渐被认可。数据成为决定组织核心竞争力的战略性资源，是极具价值的无形资产。在数据资产化过程中，数据资产评估创新性业务，面对不断涌现的新的商业模式、评估对象和复杂的交易方式，通过对政策、环境、市场、资本、资源、资产的深入分析，把握价值内涵及发展趋势。从价值发现、价值再现、价值实现三个角度，以独特的价值视角，帮助组织在瞬息万变的市场环境中快速、有效地把据价值。

　　"得数据者得天下、得标准者得天下"。数据资源蕴藏的巨大能量正不断释放，数字生产力已经成为数字社会最大的生产力。飞轮效应促使数据决策力提升，平台经济中货币权力下降、算法权力上升，会计边界理论、货币理论面临挑战，数据确权诉求多元，数据资本时代来临。

基于评估要素的指标体系设计示例

表 A.1 给出了基于评估要素的指标体系设计框架示例。

表 A.1　基于评估要素的指标体系设计框架示例

一级指标	二级指标	三级指标	确定方法
数据特征	数据属性	数据权属	数据权属证明，如数据水印、用户授权、数据使用授权等
		数据来源	自有数据：企业业务与数据相关性 外部数据：数据流通或交换合同 公共数据：数据来源说明
		数据结构	数据资产管理系统、企业元数据、数据字典、元数据系统
		数据类型	数据资产管理系统、企业元数据、数据字典、元数据系统
		数据活性	数据资产管理系统、企业元数据、企业数据总线、企业数据交换系统
	数据规模	数据量	数据记录的条数
		增长率	增加量与原数据量之比 $X=(B-A)/A\times100\%$ 式中，A 代表上期数据量，B 代表本期数据量
		更新率	单位时间更新的数据量 $X=A/B$ 式中，A 代表更新数据量，B 代表时间
数据质量	准确性	内容准确率	数据项内容符合标准规范的元素数量与元素总数量之比 $X=A/B$ 式中，A 代表数据项内容符合标准规范的元素数量，B 代表数据项元素总数量
		精度准确率	数据项精度符合标准规范的元素数量与元素总数量之比 $X=A/B$ 式中，A 代表数据项格式符合标准规范的元素数量，B 代表数据项元素总数量

（续表）

一级指标	二级指标	三级指标	确定方法
数据质量	准确性	记录重复率	数据集中重复记录条数与记录总条数之比 $X=A/B$ 式中，A 代表数据集中重复记录条数，B 代表数据集中记录总条数
		脏数据出现率	数据集中无效数据（非法字符和业务含义错误的数据）元素数量与元素总数量之比 $X=A/B$ 式中，A 代表数据集中无效数据（非法字符和业务含义错误的数据）元素数量，B 代表数据集中元素总数量
	一致性	元素赋值一致率	数据集中具有相同含义数据（同一时点、存储在不同位置）赋值具有一致性的元素数量与元素总数量之比 $X=A/B$ 式中，A 代表数据集中具有相同含义数据（同一时点、存储在不同位置）赋值具有一致性的元素数量，B 代表数据集元素总数量
	完整性	元素填充率	数据集中赋值的元素数量与元素总数量之比 $X=A/B$ 式中，A 代表数据集中赋值的元素数量，B 代表数据集元素总数量
		记录填充率	数据集中赋值完整的记录条数与记录总条数之比 $X=A/B$ 式中，A 代表数据集中赋值完整的记录条数，B 代表数据集记录总条数
		数据项填充率	数据集中赋值完整的数据项数量与数据集中数据项总数量之比 $X=A/B$ 式中，A 代表数据集中赋值完整的数据项数量，B 代表数据集中数据项总数量
	规范性	值域合规率	数据项值域符合标准规范的元素数量与元素总数量之比 $X=A/B$ 式中，A 代表数据项值域符合标准规范的元素数量，B 代表数据项元素总数量
		元数据合规率	数据集中符合元数据规范的元素数量与元素总数量之比 $X=A/B$ 式中，A 代表数据集中符合元数据规范的元素数量，B 代表数据集中元素总数量

（续表）

一级指标	二级指标	三级指标	确定方法
数据质量	规范性	格式合规率	数据集中元素格式符合标准规范的数量与元素总数量之比 $X=A/B$ 式中，A 代表数据集中元素格式符合标准规范的数量，B 代表数据集中元素总数量
		安全合规率	数据集中符合适用法律法规和行业安全规范的元素数量与元素总数量之比 $X=A/B$ 式中，A 代表数据集中符合适用法律法规和行业安全规范的元素数量，B 代表数据集元素总数量
	时效性	周期及时性	数据集中赋值满足业务周期频率要求的元素数量与元素总数量之比 $X=A/B$ 式中，A 代表数据集中赋值满足业务周期频率要求的元素数量，B 代表数据集元素总数量
		实时及时性	数据集中赋值延迟时间满足业务要求的元素数量与元素总数量之比 $X=A/B$ 式中，A 代表数据集中赋值延迟时间满足业务要求的元素数量，B 代表数据集元素总数量
	可访问性	可访问度	数据集中请求访问成功的元素数量与请求访问元素总数量之比 $X=A/B$ 式中，A 代表数据集中请求访问成功的元素数量，B 代表数据集请求访问元素总数量
成本要素	规划成本	数据规划	数据规划的整体成本，包含数据生存周期整体规划所投入的人员薪资及相关资源费用（人天工资/部门预算支出/规划项目费用）
	建设成本	数据采集	主动获取：向数据持有人购买数据的价款、注册费、手续费、服务费等，通过其他渠道获取数据时发生的市场调查、访谈、实验观察等费用，以及在数据采集阶段发生的人工工资、打印费、网络费等相关费用。 被动获取：企业在生产经营中获得的数据、相关部门开放并经确认的数据、企业相互合作共享的数据，开发采集程序等方面相关的费用
		数据存储	存储库的构建、优化等费用
		数据开发	信息资源整理、清洗、挖掘、分析、重构和预评估等费用
			知识提取、转化及检验评估费用
			算法、模型和数据等开发费用
		数据应用	开发、封装并提供数据应用和服务等产生的费用

（续表）

一级指标	二级指标	三级指标	确定方法
成本要素	维护成本	数据维护	数据质量评价费用，包括识别问题、敏感数据等费用
			数据优化费用，包括数据修正、补全、标注、更新、脱敏等费用
			数据备份、数据冗余、数据迁移、应急处置等费用
	其他成本	软硬件成本	与数据资产相关的软硬件采购或研发及维护费用
		基础设施成本	包括机房、场地等建设或租赁及维护费用
		公共管理成本	包括水电、办公等分摊费用
流通要素	供求关系	稀缺性	1/等效数据集的市场供应数量
		市场规模	等效数据集的市场需求数量
	历史交易情况	价格指数	数据集所在行业交易时点的居民消费价格指数
应用要素	使用范围	行业	数据可应用的行业
		领域	数据可应用的领域、应用场景等
		区域	数据可应用的区域，如行政区划
	使用场景	使用方式	提供数据服务的方式，如数据订阅、API、访问接口等
		开放程度	数据的开发分类，如完全开放、有条件开放、不开放等
		使用频率	数据在既定时段内被访问、浏览、下载次数
		更新周期	数据更新的一定时间段单位，如实时或 $t+1$ 等，体现数据活性
	预期效益（注：与范围和场景相关，两者影响收益路径）	经济效益	使用数据获得的盈利，包括直接效益和间接效益
		社会效益	数据的应用对社会、环境、公民等带来的积极作用和综合效益，对就业、增加经济财政收入、提高生活水平、改善环境等社会福利方面所做贡献的总称。可用于衡量使用范围为暂不允许获取经济效益的行业和领域的数据资产价值，如政务数据、公共数据、科研数据等。评估维度包括且不限于： （1）替代成本，即如果不通过数据开放等方式免费获得该数据资产，通过其他付费渠道获取时，所需支付的费用。 （2）以应用主体获得该数据资产后，融合应用产生新的经济效益为变量构建模型，所得的结果值作为费用。主要衡量该数据的引入对新产生的经济效益的贡献权重。 （3）以社会效益评估得分（分值或百分比）为变量构建的模型所得的结果值作为费用。例如，由数据共享价值、政府治理价值、数据产业价值和数据环境价值等加权得到。数据共享价值，如数据访问、浏览、下载等价值；政府治理价值，如政府治理效率、透明度等价值；数据产业价值，如产业的就业、税收、升级等价值；数据环境价值，如数据的生态、营商、健康环境等价值。 模型构建可参考 GB/T 38664.3—2020

（续表）

一级指标	二级指标	三级指标	确定方法
应用要素	预期寿命	自然收益期	在无任何风险和合规期限要求的假设下，待评估数据资产还能产生价值的剩余时间
		合规收益期	存在合规期限要求下，待评估数据资产还能产生价值的剩余时间
	折现率	无风险收益率	把资金投资于没有任何风险的数据资产所能得到的收益率。一般会把这一收益率作为基本收益，再考虑可能出现的各种风险（参见本表"应用风险"）
		风险收益率	由拥有或控制数据资产的组织承担风险（参见本表"应用风险"）而额外要求的风险补偿率
	应用风险（注：影响风险收益率和折现率）	管理风险	在数据应用过程中，因管理运作中信息不对称、管理不善、判断失误等影响应用的水平
		流通风险	数据开放共享、交换和交易等流通过程中的风险
		数据安全风险	数据泄露、被篡改和损毁等风险
		权属风险	因数据权属的不确定性对应用和价值发挥造成影响
		敏感性风险	数据如使用不当而产生的损害国家安全、泄露商业秘密、侵犯个人隐私等风险
		监管风险	法律法规、政策文件、行业监管等新发布或变更对应用产生的影响

参考文献

[1] 叶雅珍，刘国华，朱扬勇. 数据资产相关概念综述[J]. 计算机科学，2019，46(11):20-24.

[2] 茶洪旺，袁航. 中国大数据交易发展的问题及对策研究[J]. 区域经济评论，2018(4):95-101.

[3] 中国信息通信研究院云计算与大数据研究所，大数据技术标准推进委员会. 数据资产管理实践白皮书（4.0 版）[R/OL]. [2019-06-05]. http://www.caict.ac.cn/kxyj/qwfb/bps/201906/p020190604471240563279.pdf.

[4] 张驰. 数据资产价值分析模型与交易体系研究[D]. 北京：北京交通大学，2018.

[5] 张会然. 政府数据资产的组织及管理机制研究[D]. 长春：吉林大学，2019.

[6] 丁道勤. 基础数据与增值数据的二元划分[J]. 财经法学，2017(2):5-10.

[7] 杨瑞仙，毛春蕾，左泽. 国内外政府数据开放现状比较研究[J]. 情报杂志，2016，35(5):171-176.

[8] TechTarget. Data quality trends, with expert Larry English [EB/OL]. [2020-01-20]. https://searchdatamanagement.techtarget.com/podcast/Data-quality-trends-with-expert-Larry-English.

[9] 杨琪，龚南宁. 我国大数据交易的主要问题及建议[J]. 大数据，2015(2):38-48.

[10] 韩海庭，原琳琳，李祥锐，等. 数字经济中的数据资产化问题研究[J]. 征信，2019，37(4):72-78.

[11] 许璐. 基于区块链的服务数据资源交易研究[D]. 北京：北京邮电大学，2019.

[12] 夏义堃. 政府数据治理的国际经验与启示[J]. 信息资源管理学报，2018，8(3):66-74，103.

[13] 韩旭，曹增义，王昭阳. 企业数据资产治理与管理[J]. 电子世界，2018，557(23):97，99.

[14] 贵州省大数据局政策规划团队. 我国大数据交易平台发展情况及推动贵州数据

资源流通试验的建议[EB/OL]. [2020-02-22]. http://www.gzic.gov.cn/html/2019/dsjyj_1126/2672.html.

[15] 卫军朝，蔚海燕. "数据资产框架（DAF）"视角下的机构数据资产审计调研与分析[J]. 图书情报工作，2016(8):59-67.

[16] 张志昂. 基于大数据平台的运营商数据改造治理[D]. 济南：山东大学，2019.

[17] 刘江荣，刘亚男，肖明. 开放数据背景下政府数据资产治理研究[J]. 情报探索，2019(11):20-25.

[18] 朱丹. 政府数据资产价值评估与价值实现研究[D]. 广州：华南理工大学，2017.

[19] 武琳，黄颖茹. 开放政府数据平台元数据标准研究进展[J]. 图书馆学研究，2017(6):14-21.

[20] 肖翔，何琳. 资产评估学教程（修订本）[M]. 北京：清华大学出版社，北京交通大学出版社，2006.

[21] 朱扬勇，叶雅珍. 从数据的属性看数据资产[J]. 大数据，2018,4(6):65-76.

反侵权盗版声明

电子工业出版社依法对本作品享有专有出版权。任何未经权利人书面许可，复制、销售或通过信息网络传播本作品的行为；歪曲、篡改、剽窃本作品的行为，均违反《中华人民共和国著作权法》，其行为人应承担相应的民事责任和行政责任，构成犯罪的，将被依法追究刑事责任。

为了维护市场秩序，保护权利人的合法权益，我社将依法查处和打击侵权盗版的单位和个人。欢迎社会各界人士积极举报侵权盗版行为，本社将奖励举报有功人员，并保证举报人的信息不被泄露。

举报电话：（010）88254396；（010）88258888

传　　真：（010）88254397

E-mail：　dbqq@phei.com.cn

通信地址：北京市万寿路 173 信箱
　　　　　电子工业出版社总编办公室

邮　　编：100036